# 超人气
# 家常滋补靓汤

甘智荣 主编

江苏凤凰科学技术出版社

图书在版编目（CIP）数据

超人气家常滋补靓汤 / 甘智荣主编 . — 南京：江苏凤凰科学技术出版社，2015.10（2019.4 重印）
（食在好吃系列）
ISBN 978-7-5537-4227-4

Ⅰ . ①超… Ⅱ . ①甘… Ⅲ . ①保健 – 汤菜 – 菜谱 Ⅳ . ① TS972.122

中国版本图书馆 CIP 数据核字 (2015) 第 048859 号

**超人气家常滋补靓汤**

| | |
|---|---|
| 主　　编 | 甘智荣 |
| 责任编辑 | 张远文　葛　昀 |
| 责任监制 | 曹叶平　方　晨 |
| 出版发行 | 江苏凤凰科学技术出版社 |
| 出版社地址 | 南京市湖南路 1 号 A 楼，邮编：210009 |
| 出版社网址 | http://www.pspress.cn |
| 印　　刷 | 天津旭丰源印刷有限公司 |
| 开　　本 | 718mm × 1000mm　1/16 |
| 印　　张 | 10 |
| 插　　页 | 4 |
| 版　　次 | 2015年10月第1版 |
| 印　　次 | 2019年4月第2次印刷 |
| 标准书号 | ISBN 978-7-5537-4227-4 |
| 定　　价 | 29.80元 |

# 前言 Preface

药膳食疗是我国具有悠久历史的饮食疗法，它有独特的理论和丰富的内容，是中华民族文化宝库中的一颗璀璨的明珠。中华民族自古就有“寓医于食”的传统，“药食同源”已成为一种共识。中医学向来认为食疗优于药治，尤其是在养生保健方面，中药材常结合着食物使用。药膳不同于一般的方剂，它药性温和，更加符合各类人群的身体状况。养生汤便是药膳食疗的一种，它既有食物的美味，又容易被人们所接受，可谓是一举两得。千百年来养生汤在民间广为流传，其延年益寿、养生防病的作用得到了广泛的认可。如今，自行烹制药膳的人也越来越多，饭前一碗养生汤已逐渐成为人们的饮食习惯。

所谓养生汤，顾名思义就是具有食疗、养生效果的汤品。养生汤是中医食疗中最经常用到的方法，简单而且非常有效。通俗来说，养生汤就是根据传统中医原理，使用食材、药材搭配，用某种或几种食材、药材加工制作出来的一种有营养的汤。就其功效而言，养生汤更适合调养体质，养生保健。养生汤虽好，但并非适合所有人群，要辨清体质，科学饮用才能达到好的功效。煲养生汤时中药材料的选择则最好选用无任何副作用，如当归、枸杞子、黄芪、山药、百合、莲子等材料；火气旺盛的体质，选择清火、滋润类的中草药，如绿豆、海带、冬瓜、莲子等；寒气过盛的体质，应选择参类等补益效果好的汤料。我国民间也流传着各种养生汤，如鲫鱼汤通乳，红糖姜汤驱寒发表，绿豆汤消凉解暑，萝卜汤消食通气，银耳汤补阴等。养生汤操作简单，取材方便，是人们日常生活保健养生的不二之选。

本书分为五章，详细介绍了养生汤所用食材、药材的四性、五味、五色，以及药材与食材之间的搭配宜忌、使用原则和一些必要的烹饪常识，并从体质、四季变化、五脏六腑、不同人群、对症养生五个方面入手，分别列举了相应的养生汤谱共 315 道，让读者更准、更快地选择到自己所需的养生汤方，喝出美味，喝出健康！

# 目录 Contents

第二章

## 四季保健靓汤



第三章

## 体质调理靓汤

## 第四章
# 防病祛病靓汤

## 第五章
## 因人补益靓汤

# 食材的四性、五味、五色与养生

## 寒、凉、温、热，四性各显其功

“四性”即寒、凉、温、热四种不同的性质，也是指人体食用后的身体反应。如食后能减轻体内热毒的食物属寒凉之性，吃完之后能减轻或消除寒证的食物属温热之性。

### 平性的药材和食材

平性的药材和食材介于寒凉和温热性药材、食材之间，具有开胃健脾、强壮补虚的功效，并容易消化。各种体质的人都适合食用。

代表药材：党参、太子参、灵芝、蜂蜜、莲子、甘草、白芍、银耳、黑芝麻、玉竹、郁金、茯苓、桑寄生、麦芽和乌梅等。

代表食材：黄花菜、胡萝卜、土豆、大米、黄豆、花生、蚕豆、无花果、李子、黄鱼、鲫鱼、鲤鱼和牛奶等。

### 寒凉性质的药材和食物

寒凉性质的药材和食物有清热、泻火、消暑、解毒的功效，能解除或减轻热证，适合体质偏热，易口渴、喜冷饮、怕热、小便黄、易便秘的人，或一般人在夏季食用。如金银花可治热毒疔疮；夏季食用西瓜可解口渴、利尿等。寒与凉只在程度上有差异，凉次于寒。

代表药材：金银花、石膏、知母、黄连、黄芩、栀子、菊花、桑叶、板蓝根、蒲公英、鱼腥草、淡竹叶、马齿苋和葛根等。

代表食材：绿豆、西瓜、苦瓜、西红柿、梨、田螺、柚子、山竹、海带、紫菜、竹笋、油菜、莴笋、芹菜、薏苡仁、白萝卜和冬瓜等。

### 温热性质的药材和食材

温热性质的药材和食材均有抵御寒冷、温中补虚、暖胃的功效，可消除或减轻寒证，适合体质偏寒，怕冷、手脚冰冷、喜欢热饮的人食用。如辣椒适用于四肢发凉等怕冷的症状；姜、葱、红糖适用于感冒、发热和腹痛等症。

代表药材：黄芪、五味子、当归、何首乌、红枣、桂圆肉、鸡血藤、鹿茸、杜仲、肉苁蓉、淫羊藿、锁阳、肉桂和补骨脂等。

代表食材：葱、姜、韭菜、荔枝、板栗、糯米、羊肉、狗肉、虾、鲢鱼、黄鳝、辣椒、花椒、胡椒、洋葱、大蒜、椰子和榴莲等。

# 酸、苦、甘、辛、咸，五味各不同

“五味”为酸、苦、甘、辛、咸五种味道，分别对应人体五脏。酸对应肝、苦对应心、甘对应脾、辛对应肺、咸对应肾。

## 酸味药材和食物

酸味的药材和食物对应于肝脏，大多都有收敛固涩的作用，可增强肝脏的功能，常用于盗汗自汗、泄泻、遗尿、遗精等虚证，如五味子，可止汗止泻、缩尿固精。食用酸味食物还可开胃健脾、增进食欲、消食化积，如山楂。酸性食物还能杀死肠道致病菌，但不能食用过多，否则会引起消化功能紊乱，引起胃痛等症状。

代表药材：五味子、浮小麦、吴茱萸、马齿苋、佛手、石榴皮和五倍子。

代表食材：山楂、乌梅、荔枝、葡萄、橘子、橄榄、西红柿、柠檬和醋等。

## 苦味药材和食材

苦味药材和食材有清热、泻火、除燥湿和利尿的作用，与心对应，可增强心的功能，多用于治疗热证、湿证等，但食用过量，也会导致消化不良。

代表药材：绞股蓝、白芍、骨碎补、赤芍、栀子、槐米、决明子和柴胡。

代表食材：苦瓜、茶叶和青果等。

## 甘味药材和食材

甘味药材和食材有补益、和中、缓急的作用，可以补充气血，缓解肌肉紧张和疲劳，也能中和毒性，有解毒的作用。多用于滋补强身、缓和因风寒引起的痉挛、抽搐、疼痛，适用于虚证、痛证。甘味对应脾，可以增强脾的功能。但食用过多会引起血糖升高、胆固醇增加，罹患糖尿病等。

代表药材：丹参、锁阳、沙参、黑芝麻、银耳、桑葚、黄精、百合、地黄。

代表食材：莲藕、茄子、萝卜、丝瓜、牛肉和羊肉等。

## 辛味药材和食材

辛味药材和食材有发散、行气、通血脉的作用，可促进胃肠蠕动、血液循环，适用于表证、气血阻滞或风寒湿邪等。但过量服用会使肺气过盛，患有痔疮、便秘的老年人要少吃。

代表药材：红花、川芎、紫苏、藿香、姜、益智仁和肉桂。

代表食材：葱、大蒜、香菜、洋葱、芹菜、辣椒、花椒、茴香、韭菜和酒等。

## 咸味药材和食材

咸味药材和食材有通便补肾、补益阴血、软化体内酸性肿块的作用，常用于治疗热结便秘等症。当发生呕吐、腹泻不止时，适当补充些淡盐水可有效防止发生虚脱。但患有心脏病、肾脏病、高血压的老年人不能多吃。

代表药材：蛤蚧、鹿茸、龟甲。

代表食材：海带、海藻、海参、蛤蜊、猪肉和盐等。

# 绿、红、黄、白、黑，五色养五脏

“五色”为绿、红、黄、白、黑五种颜色，也分别与五脏相对应。不同颜色的食材、药材补养不同的脏器：绿色养肝、红色养心、黄色养脾、白色养肺、黑色养肾。

## 绿色养肝

绿色食物中富含膳食纤维，可以清理肠胃，保持肠道正常菌群繁殖，改善消化系统功能，促进胃肠蠕动，保持大便通畅，有效减少直肠癌的发生。绿色药材和食材是人体的“清道夫”，其所含的各种维生素和矿物质，能帮助排出体内毒素，能更好地保护肝脏，还可明目，对老年人眼干、眼痛、视力减退等症状，有很好的食疗功效，如桑叶、菠菜。

代表药材和食材：桑叶、枸杞叶、夏枯草、菠菜、韭菜、苦瓜、绿豆、青椒、大葱、芹菜和油菜等。

## 红色养心

红色食物中富含番茄红素、胡萝卜素、氨基酸，以及铁、锌、钙等矿物质，能提高人体免疫力，有抗自由基、抑制癌细胞的作用。红色食物如辣椒等可以促进血液循环、缓解疲劳、驱除寒意，给人以兴奋感；红色药材如枸杞子对老年人头晕耳鸣、精神恍惚、心悸、健忘、失眠、视力减退、贫血、须发早白和消渴等症多有裨益。

代表药材和食材：红枣、枸杞子、猪肉、羊肉、红辣椒、西红柿、胡萝卜、红薯、赤小豆、苹果、樱桃、草莓和西瓜等。

## 黄色健脾

黄色食物中富含维生素 C，可以抗氧化、提高人体免疫力，同时也可延缓皮肤衰老、维护皮肤健康。黄色蔬果中的维生素 D 可促进钙、磷的吸收，有效预防老年人骨质疏松症。黄色药材如黄芪是民间常用的补气药材，气虚体质的老年人适宜食用。

代表药材和食材：黄芪、玉米、黄豆、柠檬、木瓜、柑橘、柿子、香蕉、蛋黄和姜等。

## 白色润肺

白色食物中的米、面富含碳水化合物，是人体维持正常生命活动不可或缺的能量之源。

白色蔬果富含膳食纤维，能够滋润肺部，提高免疫力；白色肉类富含优质蛋白；豆腐、牛奶等白色食物富含钙质；银杏有滋养、固肾、补肺之功，适宜肺虚咳嗽和肺气虚弱的哮喘者服用；百合有补肺润肺的功效，肺虚干咳、久咳或痰中带血的老年人，非常适宜食用。

代表药材和食材：百合、银杏、银耳、杏仁、莲子、大米、面粉、白萝卜、豆腐、牛奶、鸡肉和鱼肉等。

## 黑色固肾

黑色食材和药材含有多种氨基酸、微量元素、维生素以及亚油酸等营养素，可以养血补肾，改善虚弱体质。其富含的黑色素类物质可抗氧化、延缓衰老。

代表药材和食材：何首乌、木耳、黑芝麻、黑豆、黑米、海带和乌鸡等。

# 养生汤药材、食材的配伍宜忌

## 中药的七种配伍关系

历代医家将中药材的配伍关系概括为七种，称为“七情”。

单行：用单味药治病。如清金散，单用黄芩治轻度肺热咯血；独参汤，单用人参可补气。

相使：将性能功效有共性的药配伍，一药为主，一药为辅，辅药能增强主药的疗效。如黄芪与茯苓配伍，茯苓能助黄芪补气利水。

相须：将药性功效相似的药物配伍，可以增强疗效。如桑叶和菊花配伍，清肝明目效果更佳。

相畏：即一种药物的毒性作用能被另一种药物减轻或消除。如附子配伍干姜，附子的毒性能被干姜减轻或消除，所以说附子畏干姜。

相杀：即一种药物能减轻或消除另一种药物的毒性或副作用。如干姜能减轻或消除附子的毒副作用，故说干姜杀附子之毒。由此而知，相杀、相畏实际上是同一配伍关系的两种说法。

相恶：即两药物合用，一种药物能降低甚至去除另一种药物的某些功效。如莱菔子能降低人参的补气功效，所以说人参恶莱菔子。

相反：即两种药物合用，能产生或增加其原有的毒副作用。如配伍禁忌中的“十八反”“十九畏”中的药物。

家庭药膳配伍，可取单行、相须、相使、相畏、相杀，相恶、相反的配伍一般禁用于家庭药膳中。配伍是指按病情需要和药性的特点，有选择地将两味以上的药物配合使用。但不是所有的中药都可配伍使用，中药的配伍也存在相宜相忌。

## 中药用药之忌

目前，中医学界共同认可的配伍禁忌为“十八反”和“十九畏”。“十八反”即甘草反甘遂、大戟、海藻、芫花，乌头反贝母、瓜蒌、半夏、白蔹、白芨，藜芦反人参、沙参、丹参、玄参、细辛和芍药。“十九畏”即硫黄畏朴硝，水银畏砒霜，狼毒畏密陀僧，巴豆畏牵牛，丁香畏郁金，川乌、草乌畏犀角，牙硝畏三棱，官桂畏石脂，人参畏五灵脂。

### 妊娠用药禁忌

妊娠禁忌药物是指女性在妊娠期间（除了要中断妊娠或引产外），禁用或需慎用的药物。

临床实践将妊娠禁忌药物分为禁用药和慎用药两大类。禁用的药物多属剧毒药、药性峻猛的药及堕胎作用较强的药；慎用药主要是大辛大热药、破血活血药、破气行气药、攻下滑利药，以及温里药中的部分药。

**禁用药：**水银、砒霜、雄黄、轻粉、甘遂、大戟、芫花、牵牛子、商陆、马钱子、蟾蜍、川乌、草乌、藜芦、胆矾、瓜蒂、巴豆、麝香、干漆、水蛭、三棱、莪术和斑蝥。

**慎用药：**桃仁、红花、牛膝、川芎、姜黄、大黄、番泻叶、牡丹皮、枳实、芦荟、附子、肉桂和芒硝等。

### 服药食忌

服药食忌是指服药期间对某些食物的禁忌，即通常说的忌口。忌口的目的是避免疗效降低或发生不良反应，影响身体健康及病情的恢复。一般而言，服用中药时应忌食生冷、辛辣、油腻、有刺激的食物。但不同的病情有不同的禁忌，如热性病应忌食辛辣、油腻、煎炸及热性食物；寒性病忌食生冷；肝阳上亢、头晕目眩、烦躁易怒者应忌食辣椒、胡椒、酒、大蒜、羊肉、狗肉等大热助阳之物；脾胃虚弱、易腹胀、易泄泻者应忌食黏腻、坚硬、不易消化之物；患疮疡、皮肤病者应忌食鱼、虾、蟹等易引发过敏及辛辣刺激性食物。

## 部分食材食用禁忌

食物对疾病有食疗作用，但如运用不当，也可以引发疾病或加重病情。因此，在使用药膳食疗的过程中一定要掌握一些食材的使用禁忌知识，才能避免走进误区。

### 不适合某些人吃的食物

白萝卜：身体虚弱的人不宜吃。

茶：空腹时不要喝，失眠、身体偏瘦的人要尽量少喝。

胡椒：咳嗽、吐血、喉干、口臭、流鼻血和痔漏的人不适合吃。

麦芽：孕妇不适合吃。

薏苡仁：孕妇不适合吃。

杏仁：小孩吃得太多会产生疮痈、膈热，孕妇也不可多吃。

西瓜：胃弱的人不适合吃。

姜：孕妇不可多吃。

桃子：产后腹痛、经闭和便秘的人忌食。

绿豆：脾胃虚寒的人不宜食。

枇杷：脾胃寒的人不宜食。

香蕉：胃溃疡的人不能吃。

### 不宜搭配在一起食用的食物

蜂蜜与葱、大蒜、豆花、鲜鱼和酒一起吃会导致腹泻或中毒。

柿子和螃蟹一起吃会腹泻。

羊肉和豆酱一起吃会引发痼疾。

羊肉和奶酪一起吃会伤五脏。

葱和鲤鱼一起吃容易引发旧病。

芥菜和兔肉一起吃会引发疾病。

### 不宜多吃的食物

葱多食令人精神不振。

醋多吃会伤筋骨、损牙齿。

酒喝得太多会伤肠胃、损筋骨、使神经麻痹、影响神智和寿命。

木瓜多吃会损筋骨，致使腰部和膝盖没有力气。

盐吃得太多，伤肺喜咳，令人皮肤变黑、损筋力。

糖吃得太多，会长蛀牙，使人情绪不稳定、脾气暴躁。

饼干吃太多，易火气大、喉部易干燥。

肉类吃太多，会使血管硬化，导致心脏病。

乌梅多吃会损牙齿、伤筋骨。

杏仁吃太多会引起宿疾。

生枣多食，令人热渴气胀。

芋头多吃，会动宿疾。

李子多吃，会使人虚弱。

番石榴多吃，损肺部。

姜吃得太多，令人少智，伤心神。

菱角吃得太多，伤人肺腑，损阳气。

# 第一章

# 五脏滋补靓汤

人体有五个最重要的脏器，它们看似没有联系，但却是相互协调与影响的。中医认为，五脏对应五色，即红色补心、黄色益脾、绿色养肝、黑色补肾、白色润肺。补益五脏的靓汤也是遵循这一养生法测。吃对颜色更养生。

# 百合绿豆凉薯汤

## 材料

百合 150 克，绿豆 120 克，凉薯 100 克，猪瘦肉适量，盐 3 克

## 做法

❶ 百合泡发；猪瘦肉洗净，切成块；绿豆洗净；凉薯洗净，去皮，切成块。
❷ 将百合、绿豆、凉薯、猪瘦肉放入煲中，以大火煲开，转用小火煲15分钟，加入盐调味即可。

## 养生功效

此汤具有清热解毒、滋阴润肺、止渴健胃的功效，适宜暑热烦渴、湿热泄泻、水肿腹胀等患者食用。绿豆性寒，素体虚寒者不宜多食或久食，脾胃虚寒泄泻者慎食。

# 桑叶菊花枸杞汤

## 材料

桑叶、枸杞子各 10 克，菊花 5 克，蜂蜜适量

## 做法

❶ 将桑叶、菊花、枸杞子均洗净备用。
❷ 锅中加入500毫升清水，大火煮沸，放入桑叶、菊花、枸杞子后续煮2分钟即可关火。
❸ 滤去药渣，留汁，加入蜂蜜调匀即可。

## 养生功效

此汤适宜肝火旺盛引起的目赤肿痛、畏光流泪、咽干口燥、头晕目眩者，结膜炎、白内障、青光眼等各种眼病患者，以及高血压患者、高脂血症患者、糖尿病患者（不加蜂蜜）、阴虚燥咳者。

# 山药排骨汤

### 材料

山药 300 克，猪排骨 250 克，白芍 10 克，蒺藜 10 克，红枣 10 颗，盐 5 克

### 做法

1. 白芍、蒺藜洗净装入纱布袋系紧口；红枣洗净用水泡软。
2. 猪排骨洗净焯烫。
3. 将纱布袋、山药、红枣、猪排骨分别放进煮锅，加适量的清水，大火煮开后转小火炖约30分钟，加盐调味即可。

### 养生功效

此汤适宜脾气虚所见的食欲不振、消化不良、神疲乏力、面色萎黄、便稀腹泻者食用，消化性胃溃疡、慢性萎缩性胃炎患者等也适宜食用。

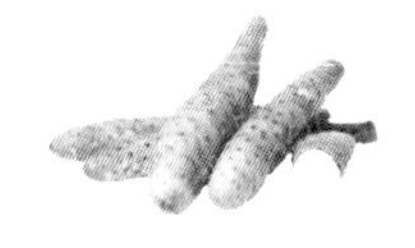

山药

红枣

# 莲子猪肚汤

### 材料

莲子 50 克，猪肚 1 个，葱适量，姜 15 克，蒜 10 克，盐、鸡精各适量

### 做法

❶ 莲子洗净泡发，去芯；猪肚洗净，内装莲子，用线缝合；葱、姜切丝；蒜剁泥。
❷ 猪肚放入汤煲中，加清水炖至熟透。
❸ 加入葱丝、姜丝、蒜泥，再加入盐、鸡精调味，稍炖即可。

### 养生功效

此汤可补虚损、健脾胃、安胎、止泻。适宜心烦失眠、脾虚久泻、大便溏泄、久痢腰疼者食用。中满痞胀及大便燥结者忌食用。

# 地黄当归鸡汤

### 材料

熟地黄 25 克，当归 20 克，白芍 10 克，鸡腿 1 只，盐适量

### 做法

❶ 鸡腿洗净剁块，放入沸水焯烫、捞起冲净；熟地黄、当归、白芍用清水冲净。
❷ 将做法①中的原料放入炖锅中，加适量清水以大火煮开，转小火续炖30分钟。
❸ 起锅后，加盐调味即成。

### 养生功效

此汤可滋阴补肾、养血补虚。适合血虚诸证、月经不调、经闭、痛经、癥瘕结聚、崩漏贫血、肾虚患者食用。湿阻中满、大便溏泄者慎食。

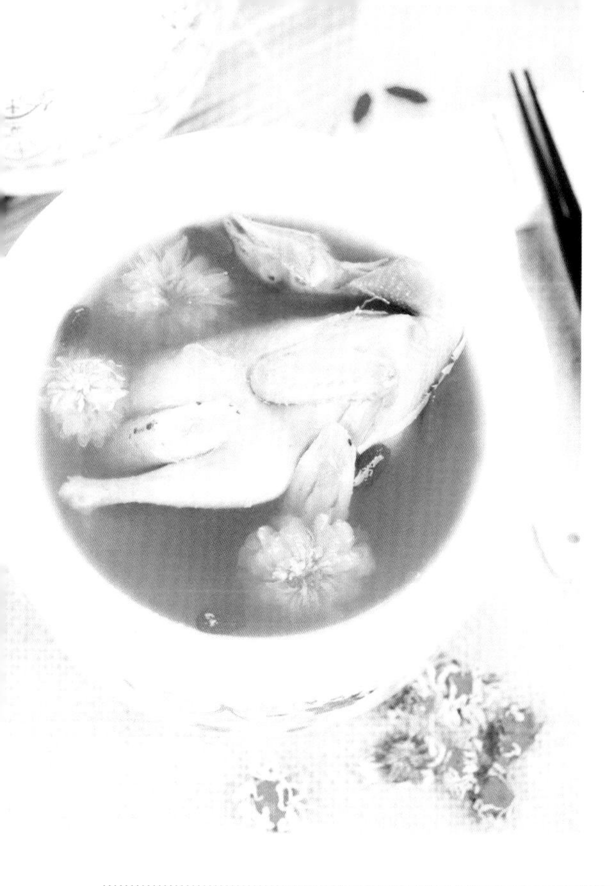

# 菊花北芪鹌鹑汤

### 材料

菊花、北黄芪各适量，鹌鹑1只，枸杞子9克，盐2克

### 做法

❶ 菊花洗净，沥水；枸杞子洗净泡发；北黄芪洗净，切片。
❷ 鹌鹑去毛及内脏，洗净，焯水。
❸ 瓦煲里加入适量水，放入除盐以外的全部材料，用大火煮沸后改小火煲2个小时，加盐调味即可。

### 养生功效

此汤适宜肝肾亏虚引起的视物昏花、头晕耳鸣、神疲乏力、腰膝酸软、阳痿早泄患者，以及食欲不振患者、抵抗力差者、高血压患者食用。风寒感冒患者慎食。

# 金银花蜜枣猪肺汤

### 材料

猪肺200克，蜜枣2颗，金银花10克，桔梗8克，盐适量

### 做法

❶ 猪肺洗净，切块；蜜枣洗净，去核；金银花、桔梗洗净。
❷ 猪肺焯水后捞出洗净。
❸ 将猪肺、蜜枣、桔梗放进瓦煲，加水，大火煮开后放入金银花，改小火煲2个小时，加盐调味即可。

### 养生功效

此汤适宜肺热咳嗽、肺炎、支气管炎、肺结核、肺癌、慢性咽炎患者食用。脾胃虚寒者、腹泻便溏者慎食。

# 山药胡萝卜排骨汤

## 材料

山药 100 克，猪排骨 250 克，胡萝卜 1 根，姜片 5 克，食用油适量，盐 5 克

## 做法

❶ 猪排骨洗净，砍成段；胡萝卜、山药均洗净，去皮，切成块。

❷ 锅中加油烧热，放入姜片爆香后，加入猪排骨翻炒。

❸ 再将猪排骨、胡萝卜、山药一起放入汤煲内，加适量水，以大火煲40分钟之后，调入盐即可。

## 养生功效

此汤具有健脾益气、延缓衰老、生津益肺、补肾涩精的功效，适宜肺虚喘咳、肾虚遗精、带下、尿频、虚热消渴者食用。

# 枇杷虫草花老鸭汤

## 材料

老鸭肉 200 克，杏仁 20 克，枇杷叶、百合各 10 克，虫草花 5 克，盐 2 克

## 做法

❶ 老鸭肉洗净斩块；虫草花、百合、杏仁均洗净；枇杷叶煎水去渣。

❷ 锅内放清水煮沸，放老鸭肉焯水后捞出；另起一汤锅，放鸭肉、虫草花、杏仁、百合，加水一起炖。

❸ 肉熟后倒入枇杷叶汁，加盐调味即可。

## 养生功效

此汤适宜肺热咳嗽、咳吐黄痰、胃热呕吐厌食、胃痛烧心、肠燥便秘、慢性咽炎患者食用。脾胃虚寒、慢性腹泻者慎食。

# 山药麦芽鸡汤

### 材料

鸡肉200克，山药300克，麦芽、神曲各适量，蜜枣20克，盐4克，青菜少许

### 做法

❶ 鸡肉切块焯水；山药洗净，去皮，切块；麦芽淘洗干净，浸泡；神曲、蜜枣洗净。
❷ 锅中放入鸡肉、山药、麦芽、神曲、蜜枣，小火慢炖。
❸ 1个小时后放入盐，撒上青菜稍煮即可。

### 养生功效

此汤适宜脾胃气虚所见的神疲乏力、食欲不振、食积腹胀者食用，慢性萎缩性胃炎患者、胃大部分切除后的胃癌患者，以及待回乳的女性也适宜食用。哺乳期女性忌食。

# 党参枸杞猪肝汤

### 材料

党参、枸杞子各15克，猪肝200克，盐适量

### 做法

❶ 将猪肝洗净切片，焯水后备用。
❷ 将党参、枸杞子用温水洗净。
❸ 净锅上火倒入水，将猪肝、党参、枸杞子一同放进锅内煲至熟，加盐调味即可。

### 养生功效

党参有很好的强健身体的作用，具有益心脾、补气血、安神的功效。此汤适宜体质虚弱、气血不足、面色暗黄、虚劳羸弱者食用。

# 川贝母豆腐汤

## 材料

豆腐 300 克，川贝母 25 克，蒲公英 20 克，冰糖适量

## 做法

❶ 川贝母洗净；冰糖打碎；蒲公英洗净，煎取药汁备用。

❷ 豆腐放入炖盅内，再放入川贝母、蒲公英药汁、冰糖，盖好盖子，隔水小火炖约1个小时。

## 养生功效

此汤清热化痰、润肺止咳、解毒排脓，对肺热咳嗽等热性疾病均有食疗效果。适宜慢性支气管炎、支气管哮喘、肺热咳嗽、痰多患者食用。

# 柏子仁参须鸡汤

## 材料

土鸡 1 只，参须 5 克，柏子仁 15 克，红枣 3 颗，盐、葱花各适量

## 做法

❶ 将土鸡清理干净；红枣、柏子仁、参须均洗净。

❷ 将土鸡放入砂锅中，放入红枣、柏子仁、参须，加适量清水，大火煮开，转小火慢炖2个小时。

❸ 加盐调味，撒上葱花即可。

## 养生功效

此汤适宜脾胃虚弱、食欲不振者，产后、病后体虚者，血虚心烦失眠、心悸者，更年期综合征患者，自汗盗汗者食用。消化不良、感冒未愈、内火旺盛者慎食。

# 绞股蓝鸡肉汤

### 材料

绞股蓝 10 克，干菜胆 20 克，红枣 5 颗，鸡腿、鸡翅各 1 只，盐适量

### 做法

❶ 绞股蓝、干菜胆、红枣分别洗净；鸡腿、鸡翅焯水。

❷ 锅中加水，大火煮开，将鸡腿、鸡翅、红枣一起放入锅中，大火煮开转中火煮30分钟，再放入干菜胆、绞股蓝续煮15分钟，加盐调味即可。

### 养生功效

一般人群皆可食用，尤其适合肝炎患者、贫血头晕患者、两目干涩者、体虚营养不良者、消瘦者食用。感冒患者、高脂血症患者慎食。

# 鸡内金山药汤

### 材料

山药 150 克，鸡内金、天花粉各 10 克，红椒、香菇各 60 克，玉米粒、青豆各 35 克，色拉油适量，盐 5 克

### 做法

❶ 鸡内金、天花粉放入纱布袋置入锅中，加适量水，煮沸约3分钟后关火，滤取药汁；青豆洗净。

❷ 山药洗净，切薄片；红椒、香菇洗净，切片；锅入色拉油加热，放入除鸡内金、天花粉外的所有材料翻炒2~3分钟，倒入药汁，以大火焖煮约2分钟，加盐调味即可。

### 养生功效

此汤适宜脾胃气虚引起的食欲不振、消化不良者，便秘、胃痛、糖尿病患者食用。

# 五子鸡杂汤

## 材料

鸡内脏 200 克，茺蔚子、蒺藜子、覆盆子、车前子、菟丝子各 10 克，姜 20 克，葱 20 克，盐 3 克

## 做法

1. 鸡内脏收拾干净，切片。
2. 姜、葱洗净，切丝。
3. 洗净所有药材，放入纱布袋中扎紧袋口，加适量的水放入锅中，以大火煮沸，转小火续煮20分钟。
4. 捞起纱布袋丢弃，转中小火，放入鸡内脏、姜丝、葱丝，煮沸加盐调味即成。

## 养生功效

此汤适宜肾虚遗精早泄、阳痿、尿频遗尿、腰膝酸软、性欲冷淡等患者食用。

---

# 淡菜何首乌鸡汤

## 材料

淡菜 150 克，何首乌 15 克，鸡腿 1 只，陈皮 3 克，盐适量

## 做法

1. 鸡腿剁块，焯水；淡菜、何首乌、陈皮均洗净沥干。
2. 将鸡腿、淡菜、何首乌、陈皮放入煮锅，加水没过所有材料后用大火煮开，再转小火炖煮1个小时，加盐调味即可。

## 养生功效

此汤适宜肝肾亏虚引起的头晕耳鸣、腰膝酸软、阴虚盗汗、烦热失眠者食用，也适用于肾虚头发早白、脱发者，贫血者，产后、病后体虚者，高血压患者。大便溏稀、感冒、高胆固醇患者慎食。

# 补骨脂猪腰汤

### 材料

肉豆蔻、补骨脂各 9 克，猪腰 100 克，枸杞子、姜各适量，盐少许，葱花 10 克

### 做法

❶ 猪腰洗净，切开，除去白色筋膜；肉豆蔻、补骨脂、枸杞子均洗净；姜洗净，去皮切片。
❷ 猪腰焯去血水，捞出洗净。
❸ 用瓦煲装水，大火煮开后，放入做法①、②的食材，以小火煲2个小时后，撒上葱花，调入盐即可。

### 养生功效

此汤适宜肾阳亏虚引起的阳痿、早泄、遗精、腰膝酸软、形寒肢冷、胎动不安的患者食用，也适用于虚寒腹泻者。湿热泻痢、阴虚火旺者慎食。

# 绞股蓝墨鱼猪肉汤

### 材料

绞股蓝 8 克，墨鱼 150 克，猪瘦肉 300 克，黑豆 50 克，盐适量

### 做法

❶ 猪瘦肉切块焯水；墨鱼洗净，切段；黑豆洗净，浸泡；绞股蓝洗净，煎汁。
❷ 锅中注入适量水，放入猪瘦肉、墨鱼、黑豆，炖2个小时。
❸ 放入绞股蓝汁煮5分钟，调入盐即可。

### 养生功效

此汤适宜肾阴亏虚引起的头晕耳鸣、两目干涩昏花、须发早白、脱发、腰膝酸软、遗精盗汗、五心烦热等患者食用。痰湿中阻、感冒未愈、糖尿病患者慎食。

# 银耳枸杞鸡肝汤

### 材料

鸡肝 200 克，银耳 10 克，枸杞子 15 克，百合 5 克，盐 3 克

### 做法

1. 鸡肝洗净，切块；银耳泡发洗净，撕成小朵；枸杞子、百合洗净，浸泡。
2. 鸡肝汆水。
3. 将鸡肝、银耳、枸杞子、百合放入锅中，加入清水小火炖1个小时，调入盐即可。

### 养生功效

此汤适宜肝肾不足视物昏花者、贫血者、皮肤干燥者、青光眼患者、白内障患者、夜盲症等眼病患者、肝病患者、失眠者食用。

# 女贞子鸭汤

### 材料

白鸭肉 500 克，女贞子 15 克，熟地黄 20 克，枸杞子、山药各 10 克，盐适量

### 做法

1. 将白鸭肉洗净，切块；山药洗净去皮，切成片。
2. 将熟地黄、枸杞子、女贞子均洗净，放入锅中，再放入白鸭肉、山药片。加水以大火煮沸，转小火炖至白鸭肉熟烂，加入盐调味即可。

### 养生功效

此汤适宜肝肾阴虚引起的腰膝酸软、五心烦热、盗汗、头晕耳鸣、阳痿早泄、遗精、夜尿频多者食用。更年期妇女、糖尿病患者、脾胃虚寒者、脾湿中阻者、便溏腹泻者慎食。

# 肉桂猪肚汤

### 材料

猪肚 150 克，猪瘦肉 50 克，姜 10 克，薏苡仁 25 克，肉桂 5 克，盐 3 克

### 做法

1. 猪肚里外反复洗净，焯水后切成长条；猪瘦肉洗净后切成块。
2. 姜去皮，洗净，用刀将姜拍烂；肉桂浸透洗净，刮去粗皮；薏苡仁淘洗干净。
3. 将除盐外的所有材料放入炖盅，加适量清水，隔水炖2个小时，调入盐即可。

### 养生功效

此汤适宜脾胃虚寒呕吐、畏寒怕冷、冻疮、内脏下垂者食用。阴虚燥热、热性病症患者不宜食用。

# 百合银杏鸽子汤

### 材料

水发百合 30 克，银杏 10 颗，鸽子 1 只，葱花 2 克，盐少许，红椒圈少许

### 做法

1. 鸽子处理干净，斩块，焯水；水发百合洗净；银杏洗净备用。
2. 净锅上火倒入水，放入鸽肉、水发百合、银杏煲至熟，加入盐、葱花、红椒圈调味即可。

### 养生功效

此汤适宜肺虚咳嗽气喘者（如慢性肺炎、慢性支气管炎、肺结核、肺气肿、肺癌等患者）、皮肤干燥粗糙者、贫血者、产后或病后体虚者，抵抗力差易感冒者食用。有实邪者忌服。

# 茯苓核桃瘦肉汤

## 材料

猪瘦肉 400 克，核桃 50 克，茯苓 10 克，盐 5 克

## 做法

❶ 猪瘦肉洗净，切块；茯苓洗净，润透切块；核桃去壳，取肉。

❷ 锅中注水，煮沸，放入猪瘦肉、茯苓、核桃仁大火煮开，转小火慢炖。

❸ 炖至核桃仁变软后，加入盐调味即可。

## 养生功效

此汤适宜脾虚食欲不振、便秘、记忆力衰退、食积腹胀、皮肤粗糙暗黄者食用。

# 韭菜子猪腰汤

## 材料

猪腰 300 克，韭菜子 100 克，三七 15 克，食用油 15 毫升，葱 10 克，盐、鸡精、姜片、红椒片、米醋各适量

## 做法

❶ 将猪腰洗净切片，焯水；韭菜子洗净；葱洗净，切段。

❷ 三七择洗干净备用。

❸ 净锅上火倒入食用油，将葱段、姜片爆香，倒入适量清水，调入盐、鸡精、米醋，放入猪腰、韭菜子、三七、红椒片，大火煮开，转小火煲至熟即可。

## 养生功效

此汤可补肾强腰、活血化淤，适宜肾虚、腰膝酸软患者食用。

# 杜仲巴戟天鹌鹑汤

### 材料

鹌鹑 1 只，杜仲、巴戟天各 30 克，山药片 100 克，枸杞子 25 克，红枣 6 克，姜 5 片，盐 5 克

### 做法

❶ 鹌鹑收拾干净，剁块。
❷ 杜仲、巴戟天、枸杞子、山药片、红枣均洗净，山药片泡发。
❸ 把除盐以外的全部材料放入锅内，大火煮沸后改小火煲3个小时，加盐调味即可。

### 养生功效

此汤适宜肾阳亏虚引起的阳痿早泄、腰脊酸疼、精冷不育、小便余沥、风寒湿痹、足膝痿弱、筋骨无力患者，以及妊娠漏血、胎漏欲堕、胎动不安患者食用。

杜仲

姜

健脾益胃，养心安神

# 党参鲫鱼汤

**材料**

鲫鱼 1 条，胡萝卜、玉竹、党参各适量，盐少许，姜 2 片，食用油适量

**做法**

❶ 鲫鱼收拾干净，斩块，过油煎香；胡萝卜去皮洗净，切片；玉竹、党参洗净浮尘。
❷ 将除姜片、盐、食用油外的其他材料放入汤锅中，加水煮沸，转小火慢炖2个小时。
❸ 撇去浮沫，加入姜片继续煲30分钟，出锅前调入盐即可。

# 玉竹红枣鸡汤

**材料**

鸡肉 350 克，玉竹 10 克，红枣 5 颗，枸杞子 8 克，盐 4 克，薏苡仁少许

**做法**

❶ 鸡肉收拾干净，焯去血水；玉竹洗净，切段；红枣、枸杞子、薏苡仁洗净，浸泡。
❷ 锅置火上加水煮沸，放入鸡肉、玉竹、红枣、枸杞子、薏苡仁，大火煮沸后再转小火慢炖2个小时。
❸ 加入盐调味即可。

益气补血，健胃利脾

养肝明目，清热祛火

# 菊花鸡肝汤

**材料**

鸡肝 200 克，菊花 9 克，银耳 50 克，枸杞子 15 克，盐适量

**做法**

❶ 鸡肝洗净，切块；银耳泡发洗净，撕成小朵；枸杞子、菊花洗净，浸泡。
❷ 鸡肝焯水，取出洗净。
❸ 将鸡肝、银耳、枸杞子、菊花放入锅中，加水以大火煮沸，转小火炖1个小时，调入盐即可。

# 虫草炖乳鸽

### 材料

乳鸽1只，冬虫夏草20克，姜片5克，蜜枣、红枣各10克，盐适量

### 做法

❶ 乳鸽处理干净；蜜枣、红枣洗净泡发；冬虫夏草洗净。

❷ 将乳鸽、冬虫夏草、蜜枣、红枣、姜片放入炖盅内，加入适量水，以中火炖1个小时，最后调入盐即可。

补肾益肺，强身抗衰

补益肝肾，强壮腰膝

# 杜仲艾叶鸡蛋汤

### 材料

杜仲25克，艾叶20克，鸡蛋2个，盐5克，姜丝、食用油各适量

### 做法

❶ 杜仲、艾叶分别用清水洗净。

❷ 鸡蛋打入碗中，搅成蛋浆，再加入姜丝，放入油锅内煎成蛋饼，切成块。

❸ 再将除盐、食用油外的所有材料放入煲内，加适量水，大火煮开，改用中火续煲2个小时，加盐调味即可。

# 桂圆山药红枣汤

### 材料

桂圆肉100克，山药150克，红枣6颗，冰糖适量

### 做法

❶ 山药削皮、洗净，切小块；桂圆肉、红枣洗净。

❷ 锅置火上，加水煮开后加山药、红枣。

❸ 待山药熟透、红枣松软，将桂圆肉撕碎加入，待桂圆肉的香甜味渗入汤中即可熄火，可酌加冰糖提味。

益气补血，健胃养心

健脾利胃，滋补肝肾

## 红枣香菇猪肝汤

### 材料

猪肝 250 克，香菇 30 克，红枣 6 颗，枸杞子、姜、盐各适量

### 做法

1. 猪肝洗净切片；香菇洗净，泡发；红枣、枸杞子分别洗净；姜洗净去皮切片。
2. 猪肝放入沸水中焯去血沫。
3. 炖盅加入水，放入除盐外的所有材料，上蒸笼隔水炖3个小时，调入盐即可。

## 桑葚牛骨汤

### 材料

牛排骨 350 克，桑葚、枸杞子各 30 克，姜丝 5 克，盐少许

### 做法

1. 牛排骨斩块，焯水；桑葚、枸杞子分别洗净泡软。
2. 汤锅中加水，放入牛排骨、姜丝，用大火煮沸后撇去浮沫。
3. 加入桑葚、枸杞子，改小火慢炖2个小时，加盐调味即可。

养肝明目，滋阴养胃

收敛肺热，祛痰止咳

## 杏仁白萝卜猪肺汤

### 材料

猪肺 250 克，白萝卜 100 克，杏仁 9 克，花菇 50 克，上汤、姜片、盐各适量

### 做法

1. 猪肺冲洗干净，切成大块；杏仁、花菇浸透洗净；白萝卜洗净，带皮切成中块。
2. 将做法①中的材料连同适量上汤、姜片放入炖盅，盖上盅盖，隔水炖，先用大火炖30分钟，再用中火炖50分钟，最后用小火炖1个小时，加盐调味即可。

# 莲子山药芡实甜汤

### 材料

银耳 100 克，莲子 20 克，芡实 30 克，山药 100 克，红枣 6 颗，冰糖适量

### 做法

1. 银耳洗净，泡发；莲子、芡实洗净。
2. 红枣用刀划几个口；山药洗净，去皮，切成块。
3. 银耳、莲子、芡实、红枣放入锅中，加适量水煮约20分钟，待莲子、银耳煮软，将山药放入一起煮，加冰糖调味即可。

**滋补脾胃，养心安神**

# 桂圆当归猪腰汤

**补益心脾，强肾健体**

### 材料

猪腰 300 克，当归、桂圆肉各 20 克，红枣 5 颗，盐、姜片各适量

### 做法

1. 将当归、桂圆肉、红枣略冲洗净；猪腰去除筋膜，洗净切条备用。
2. 净锅上火倒入清水，放入姜片、当归烧开，下入桂圆肉、鲜猪腰、红枣烧沸，捞去浮沫，小火煲2个小时，再调入盐即可。

# 龙骨牡蛎鱼汤

### 材料

鲭鱼 1 条，龙骨、牡蛎各 50 克，盐 2 克，葱段适量，食用油适量

### 做法

1. 龙骨、牡蛎冲洗干净，入锅加1500毫升水熬成高汤，熬至约400毫升，过滤药渣；鲭鱼去鳃、肚后洗净并切段。
2. 锅内放入油烧热，将处理干净的鲭鱼段放入热油中炸至金黄捞出，放入高汤中，熬至汤呈乳黄色，再加盐、葱段调味即可。

**养肝潜阳，滋补脾肺**

益智健脑，养心安神

# 莲子瘦肉汤

**材料**

去芯莲子 200 克，猪瘦肉 400 克，盐、糖各适量

**做法**

❶ 猪瘦肉洗净切块，放入碗中，撒适量盐，拌匀腌制15分钟；莲子浸泡后洗净，并沥干水分。

❷ 莲子、猪瘦肉、糖一起放入电饭煲中，加适量水，用煲汤档煮好后加盐调味即可。

# 红豆鲫鱼汤

**材料**

红豆 50 克，薏苡仁 10 克，鲫鱼 1 条，枸杞子 10 克，盐 5 克

**做法**

❶ 将鲫鱼清理干净备用；枸杞子洗净备用。

❷ 红豆、薏苡仁洗净，泡发，备用。

❸ 红豆、薏苡仁加2000毫升水用大火煮开，转小火续煮20分钟，放入鲫鱼炖至鱼熟烂，再加入枸杞子，加盐即可。

利水消肿，益肾养血

理气安胎，健脾养胃

# 紫苏砂仁鲫鱼汤

**材料**

紫苏、砂仁各 10 克，枸杞子叶 500 克，鲫鱼 1 条，橘皮、姜片、盐、香油各适量

**做法**

❶ 紫苏、枸杞子叶洗净切段；鲫鱼收拾干净；砂仁洗净，装入纱布袋中。

❷ 将紫苏、枸杞子叶、鲫鱼、药袋、橘皮、姜片一同放入锅中，加水煮熟。

❸ 捞去药袋，调入盐，淋上香油即可。

# 猪肠莲子枸杞汤

健脾利肠，涩肠止泻

**材料**

猪肠 150 克，红枣 8 颗，枸杞子 10 克，鸡爪、党参、莲子、盐各适量，葱段 5 克

**做法**

❶ 猪肠切段，洗净；鸡爪、红枣、枸杞子、党参均洗净；莲子去皮、去莲心，洗净。

❷ 猪肠汆水。

❸ 将除葱段、盐以外的材料放入瓦煲，注入清水，大火烧开后改为小火炖煮2个小时，加盐调味，撒上葱段即可。

# 苦瓜甘蔗枇杷汤

清热祛火，养心润肺

**材料**

甘蔗、苦瓜各 200 克，鸡胸骨 1 副，枇杷叶 20 克，盐适量

**做法**

❶ 鸡胸骨汆水洗净，置锅中，加800毫升水；枇杷叶洗净；甘蔗洗净，去皮，切小段；苦瓜洗净切半，去籽和白色薄膜，切块。

❷ 将甘蔗放入有鸡胸骨的锅中，大火煮沸，转小火续煮1个小时，将枇杷叶和苦瓜放入锅中再煮30分钟，加盐调味即可。

# 山药薏苡仁枸杞汤

健脾利胃，消食除滞

**材料**

山药 25 克，薏苡仁 50 克，枸杞子 10 克，姜片 10 克，冰糖适量

**做法**

❶ 山药洗净，去皮，切片；薏苡仁洗净，泡发；枸杞子洗净泡发。

❷ 锅中加适量清水，将以上备好的材料放入锅中，加入姜片，大火煮开，再转小火煲约1.5个小时。

❸ 加入冰糖调味即可。

健胃消食，促进食欲

## 黄精山药鸡汤

**材料**

黄精 10 克，山药 200 克，红枣 8 颗，鸡腿 1 只，盐 5 克

**做法**

1. 鸡腿剁块汆水；黄精、红枣洗净；山药去皮洗净，切小块。
2. 将鸡腿、黄精、红枣放入锅中，加适量的水，以大火煮开，转小火续煮20分钟。
3. 加山药续煮10分钟，加盐调味即成。

## 鹿茸黄芪鸡汤

**材料**

土鸡肉 500 克，鹿茸 3 克，猪瘦肉 200 克，黄芪 10 克，姜、盐各适量

**做法**

1. 土鸡肉切块汆水；猪瘦肉洗净切大块；鹿茸洗净，切片；黄芪洗净；姜洗净切片。
2. 将除盐以外的材料放入炖盅内，加适量水炖至熟。
3. 加盐调味即可。

益肾固精，补虚益损

益肾强腰，养元补虚

## 黄精海参乳鸽汤

**材料**

乳鸽 1 只，黄精、海参各适量，枸杞子少许，盐 3 克

**做法**

1. 乳鸽收拾干净；海参、黄精、枸杞子均洗净泡发。
2. 乳鸽汆水。
3. 将乳鸽、黄精、海参、枸杞子分别放入瓦煲，加入适量水，大火煮沸，改小火煲2.5个小时，加盐调味即可。

# 山药芡实老鸽汤

**材料**

老鸽1只，山药适量，芡实15克，盐3克，枸杞子少许，桂圆肉50克

**做法**

❶ 老鸽收拾干净；山药、芡实洗净；枸杞子洗净，泡发。

❷ 老鸽汆水。

❸ 砂煲加入适量水，放入山药、枸杞子、芡实、老鸽，以大火煲沸，放入桂圆肉转小火煲1.5个小时，加盐即可。

**利肾固精，滋养脾肺**

**养肝明目，滑肠通便**

# 决明苋菜鸡肝汤

**材料**

苋菜250克，枸杞子叶30克，决明子15克，鸡肝2副，盐适量

**做法**

❶ 苋菜剥取嫩叶和嫩梗，与枸杞子叶均洗净，沥干；鸡肝切片汆水；决明子洗净。

❷ 决明子装入纱布袋，扎紧袋口，放入锅中加适量水熬成汁后把药袋捞起丢弃。

❸ 加入苋菜、枸杞子叶，煮沸后放入鸡肝片，煮开加盐即可。

# 菟杞红枣鹌鹑汤

**材料**

鹌鹑2只，菟丝子、枸杞子各10克，红枣7颗，料酒、盐各适量

**做法**

❶ 鹌鹑斩件，汆水。

❷ 菟丝子、枸杞子、红枣用温水浸透。

❸ 将以上用料连同适量的沸水倒进炖盅，加入料酒，盖上盅盖，先用大火炖30分钟，后用小火炖1个小时，调入盐即可。

**益肾固元，理气安胎**

健脾养胃，通乳调经

# 糖饯红枣花生汤

**材料**

红枣、红糖各 50 克，花生仁 100 克

**做法**

❶ 花生仁洗净略煮后放冷，去红皮；在花生仁锅中放入洗净的红枣。

❷ 再加适量冷水，大火煮开，再用小火煮30分钟左右。

❸ 加入红糖，待糖溶化后，收汁即可。

# 砂仁陈皮鲫鱼汤

**材料**

鲫鱼 1 条，陈皮 5 克，砂仁 4 克，姜片、葱段、盐、食用油各适量

**做法**

❶ 鲫鱼去鳃、鳞、肠杂，洗净；砂仁打碎；陈皮浸泡。

❷ 油锅烧热，将鲫鱼稍煎至两面金黄。

❸ 瓦煲内放入陈皮、姜片和适量水，滚后加入鲫鱼，小火煲2个小时后加砂仁稍煮，调入盐、葱段即可。

滋养脾胃，止吐止泻

益肾强腰，理气健脾

# 补骨脂豆蔻猪肚汤

**材料**

猪肚 300 克，补骨脂、肉豆蔻、莲子各 10 克，胡椒、姜片、葱、盐各适量

**做法**

❶ 猪肚洗净切片；葱洗净切花；莲子洗净、泡发；补骨脂、肉豆蔻洗净，煎汤取汁。

❷ 猪肚片煮至八成熟捞出。

❸ 锅中放入猪肚、莲子、胡椒、姜片，再加入药汁煲至猪肚熟烂，加盐调味，撒上葱花即成。

# 五味子羊腰汤

益肾固精，强膝壮腰

### 材料

羊腰 500 克，杜仲 15 克，五味子 6 克，葱花、蒜末、食用油、盐、淀粉各适量

### 做法

❶ 杜仲、五味子洗净，放入锅中，加水煎取药汁。

❷ 羊腰洗净，切小块，用淀粉、药汁裹匀。

❸ 羊腰入油锅大火爆炒，炒至熟嫩后，再放入葱花、蒜末、盐，兑入药汁和适量水炖煮至熟透即可。

# 海马甲鱼汤

养肾固元，祛湿暖宫

### 材料

甲鱼 1 只，猪瘦肉 100 克，姜片 10 克，海马、土鸡、火腿、鲜土茯苓、桂圆肉、盐、浓缩鸡汁、料酒各适量

### 做法

❶ 海马洗净用瓦煲煸过；甲鱼剥洗干净；土鸡、猪瘦肉洗净斩件；火腿切成粒；鲜土茯苓洗净；桂圆肉洗净。

❷ 将猪瘦肉、土鸡焯水，和其他材料一起装入瓦煲炖4个小时即可。

# 虫草红枣甲鱼汤

益气补血，滋补肺肾

### 材料

甲鱼 1 只，冬虫夏草 10 克，红枣 10 颗，盐、葱段、姜片、蒜瓣、料酒、鸡汤各适量

### 做法

❶ 甲鱼宰杀洗净后，剁成4块；冬虫夏草洗净；红枣用开水浸泡。

❷ 将甲鱼焯水捞出，去油清洗干净。

❸ 甲鱼放入砂锅，再放入除盐外的材料，炖2个小时，调入盐，拣去葱段、姜片即成。

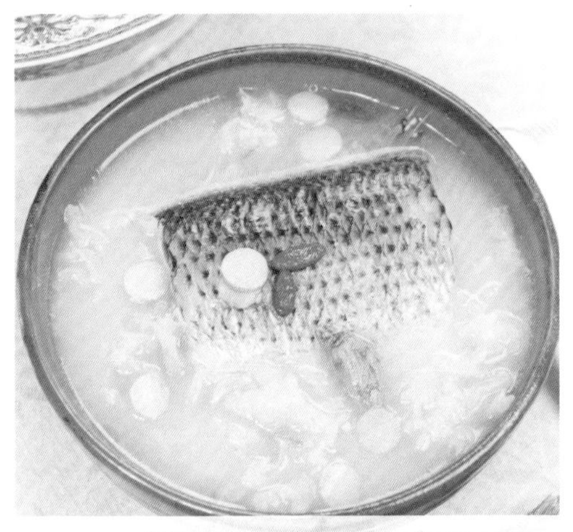

滋阴养胃，消炎止咳

# 西洋参银耳乌鱼汤

## 材料

乌鱼 1 条，银耳 20 克，西洋参片、枸杞子各 10 克，盐少许

## 做法

❶ 乌鱼收拾干净，切长段；西洋参片洗净；银耳、枸杞子泡发洗净。

❷ 将上述食材放入汤煲中，加水至盖过材料，用大火煮沸。

❸ 改用小火炖50分钟，加盐调味即可。

# 蝉花熟地黄猪肝汤

## 材料

蝉花 10 克，熟地黄 12 克，猪肝 180 克，红枣 6 颗，盐、姜、淀粉、胡椒粉、香油各适量

## 做法

❶ 蝉花、熟地黄、红枣分别洗净；猪肝洗净，切薄片，加淀粉、胡椒粉、香油腌制片刻；姜洗净去皮，切片。

❷ 将蝉花、熟地黄、红枣、姜片和水分别放入瓦煲内，大火煲沸后改为中火煲约2个小时，放入猪肝滚熟，放入盐调味即可。

滋补肝肾，明目补血

利水除湿，滋补肾阴

# 红豆煲乳鸽

## 材料

乳鸽 1 只，红豆 100 克，胡萝卜 50 克，盐 3 克，胡椒粉 2 克，姜 5 克

## 做法

❶ 胡萝卜去皮洗净切片；乳鸽去内脏洗净，焯烫；红豆洗净，泡发；姜洗净切片。

❷ 锅置火上，加入适量水，放入姜片、红豆、乳鸽、胡萝卜，大火煮开后转小火煲约2个小时。

❸ 起锅前调入盐、胡椒粉即可。

# 木耳红枣汤

## 材料

黑木耳 30 克，红枣 10 颗，红糖 20 克

## 做法

❶ 将黑木耳洗净后用温水泡发，择洗干净，撕成小朵。

❷ 红枣洗净，去核，备用。

❸ 锅内加适量水，放入黑木耳、红枣，小火煮沸10~15分钟，调入红糖即成。

**补中疏肝，健脾暖胃**

**养肾固元，祛湿暖宫**

# 薏苡仁猪肚汤

## 材料

猪肚 500 克，薏苡仁 300 克，枸杞子 20 克，姜 5 克，高汤 200 毫升，盐 3 克，鸡精 1 克，大蒜、食用油各适量

## 做法

❶ 猪肚洗净，切条，汆水沥干；薏苡仁、枸杞子洗净；姜、大蒜洗净，切碎。

❷ 锅内入油烧热，加入姜末、大蒜末爆香，加高汤、猪肚、薏苡仁、枸杞子大火煮开。

❸ 加入盐、鸡精炖至入味即可。

# 柴胡白菜汤

## 材料

柴胡 15 克，白菜 200 克，盐、香油各适量

## 做法

❶ 将白菜洗净，掰开；柴胡洗净，备用。

❷ 在锅中注适量清水，放入白菜、柴胡，用小火煮10分钟。

❸ 出锅时放入盐，淋上香油即可。

**和解表里，疏肝理气**

# 三七薤白鸡肉汤

## 材料

鸡肉 350 克，枸杞子、红枣各 20 克，三七、薤白各少许，盐 5 克

## 做法

1. 鸡肉洗净，汆水，备用；三七洗净，切片；薤白洗净，切碎，备用；枸杞子、红枣洗净，浸泡。
2. 将鸡肉、三七、薤白、枸杞子、红枣放入锅中，加适量清水，用小火慢煲。
3. 2个小时后加入盐即可食用。

## 养生功效

此汤可活血化淤、散结止痛、疏肝理气，适宜需要活血止痛者、患有心血管疾病患者食用。身体虚寒者、女性月经期间、感冒者慎食。

# 话梅高良姜汤

## 材料

高良姜 6 克，话梅 50 克，冰糖 8 克

## 做法

1. 将话梅洗净，切成两半；高良姜洗净后，去皮切片。
2. 净锅上火倒入矿泉水，放入话梅、姜片稍煮，调入冰糖煮25分钟即可（可按个人喜好增减冰糖的分量）。

## 养生功效

高良姜有温脾胃、祛风寒、行气止痛的作用；话梅可健胃、敛肺、温脾、止血祛痰、消肿解毒、生津止渴。此汤具有健胃温脾、生津止渴的功效。适宜食欲不振、消化不良、感冒、晕车晕船者食用。阴虚内热及邪热抗盛者、痔疮患者、高血压患者不宜多食。

# 豆豉鲫鱼汤

## 材料

风味豆豉 150 克，鲫鱼 100 克，高汤适量，盐 5 克，姜片 3 克，青椒、红椒各 1 个

## 做法

❶ 将豆豉洗净，剁碎；青椒、红椒洗净，切丝；鲫鱼洗净，切块，备用。

❷ 净锅上火倒入高汤，调入盐、姜片，放入鲫鱼块煮开，去除浮沫，再放入风味豆豉碎煲至熟，撒上青红椒丝即可。

## 养生功效

豆豉能和胃除烦，解腥毒；鲫鱼可益气健脾、利水消肿、清热解毒。此汤具有温中健脾、消谷除胀的功效。慢性肾炎水肿、肝硬化腹水、营养不良性水肿、孕妇产后乳汁缺少、脾胃虚弱、食欲不振、小儿麻疹初期、痔疮出血、慢性久痢等患者适宜食用。

# 白芍椰子鸡汤

## 材料

白芍 10 克，椰子 100 克，粉条 10 克，母鸡肉 150 克，菜心 30 克，盐、枸杞子各 5 克

## 做法

❶ 椰子洗净，切块；白芍、枸杞子洗净后用清水浸泡10分钟；粉条泡发，备用。

❷ 母鸡肉洗净斩块，汆水备用；菜心洗净，备用。

❸ 煲锅上火倒入清水，放入椰子块、鸡肉块、白芍、枸杞子，煲至鸡肉快熟时，放入盐、粉条、菜心煮熟即可。

## 养生功效

此汤具有益气生津、清热补虚、补脾益心之功效。适宜阴虚发热、胸腹胁肋疼痛、四肢挛急、泻痢腹痛者食用。白芍性寒，虚寒性腹痛泄泻者、小儿出麻疹期间不宜食用。

# 白芍猪肝汤

### 材料

猪肝 200 克，枸杞子 10 克，白芍 15 克，菊花 15 克，盐 5 克

### 做法

1. 将猪肝洗净切片汆水，捞起沥干；白芍、枸杞子、菊花均洗净备用。
2. 净锅上火倒入清水煮开，放入白芍、菊花、猪肝煲至熟。
3. 再放入枸杞子，调入盐即可。

### 养生功效

此汤有养心补血、理气止痛的功效，可缓解冠心病胸闷、胸痛等症状。适宜肝阳亢盛引起的头晕、眩晕，以及阴血不足引起的月经不调、崩漏带下者食用，也可用于营养不良、表虚自汗者的调养。虚寒证者慎食。

# 红枣枸杞鸡汤

### 材料

红枣 20 克，枸杞子 20 克，党参 10 克，鸡肉 300 克，姜、葱、香油、盐、胡椒粉、料酒各适量

### 做法

1. 鸡肉清洗干净，汆水，剁成块状；红枣、枸杞子、党参洗净；姜洗净切片；葱洗净切段。
2. 将红枣、枸杞子、党参、鸡块放入锅中加水炖煮，加入姜片、葱段、料酒煮熟，撒上盐、胡椒粉，淋上香油即可。

### 养生功效

此汤可养心安神、补血养颜、补虚和胃，对胃虚食少、脾弱便溏、气血津液不足、心悸怔忡等症有食疗功效。适宜心神不宁者、肝肾阴虚者、胃虚食少者、慢性肝炎等患者食用。

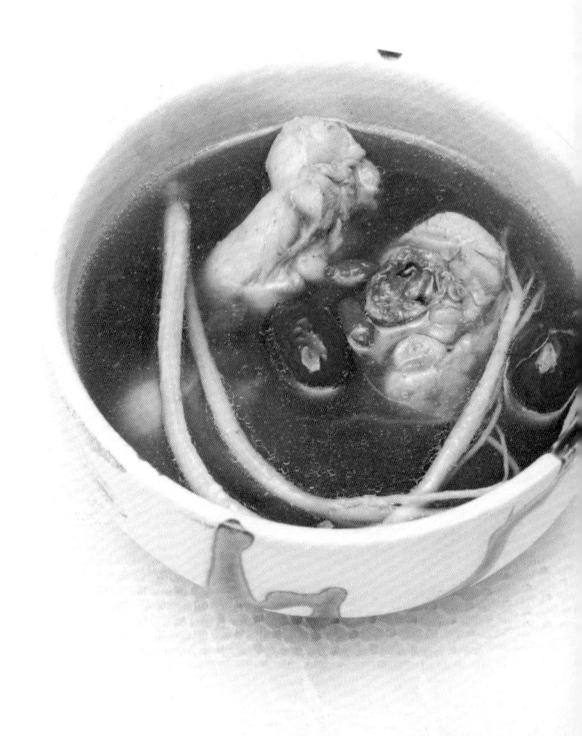

# 第二章

# 四季保健靓汤

《灵枢·本神篇》指出：“智者之养生也，必须顺四时而适寒暑，和喜怒而安居处，节阴阳而调刚柔，如是则邪僻不至，长生久视。”由此可知，养生之道应顺应四时，根据春夏养阳、秋冬养阴的道理，春天养生，夏天养长，秋天养收，冬天养藏。

# 绿豆鲫鱼汤

### 材料

绿豆 50 克，鲫鱼 1 条，西洋菜 150 克，胡萝卜 100 克，姜片、高汤、盐各适量

### 做法

1. 胡萝卜洗净，去皮，切块；鲫鱼处理干净；西洋菜洗净；绿豆淘净。
2. 砂煲上火，将绿豆、鲫鱼、姜片、胡萝卜放入煲内，倒入高汤，炖约40分钟，放入西洋菜稍煮，调入盐即可。

### 养生功效

此汤具有清热解毒、利尿通淋、补益元气的功效。适宜暑热烦渴、感冒发热、霍乱吐泻、痰热哮喘、头痛目赤、口舌生疮、水肿尿少、疮疡痈肿、风疹丹毒者食用。

---

# 葛根西瓜汤

### 材料

葛根粉 10 克，西瓜 250 克，苹果 100 克，白糖 10 克

### 做法

1. 将西瓜、苹果洗净去皮，切小丁备用。
2. 净锅上火倒入水，调入白糖煮沸。
3. 加入西瓜、苹果，用葛根粉勾芡即可。

### 养生功效

此汤具有清热解暑、生津止渴、泻火除烦、降血压的功效。适宜胸膈气壅者、满闷不舒者、小便不利者、中暑者、膀胱炎患者、肝腹水患者、肾炎等患者食用。产妇、肾功能不全者、阴虚内热者、虚火所致口腔溃疡患者忌食用。

# 柴胡莲子牛蛙汤

## 材料

柴胡10克，莲子150克，甘草3克，牛蛙3只，盐适量

## 做法

1. 将柴胡、甘草冲洗干净，装入纱布袋中，扎紧口。
2. 莲子洗净，与药袋一同放入锅中，加水以大火煮开，改小火煮30分钟。
3. 牛蛙宰杀，洗净剁块，放入做法②的汤内煮沸，捞出纱布袋丢弃，加盐调味即可。

## 养生功效

此汤具有疏肝除烦、行气宽胸的功效，适宜冬季感冒发热、寒热往来、疟疾、肝郁气滞、胸胁胀痛等患者食用，可调治肝郁气滞引起的胸胁疼痛等。

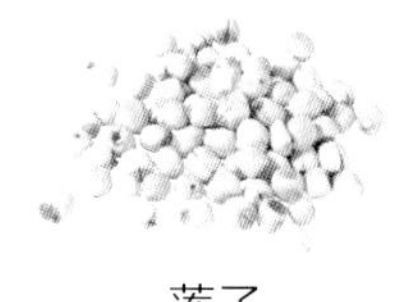

莲子

甘草

# 赤芍银耳汤

## 材料

赤芍、柴胡、黄芩、夏枯草、麦门冬各5克，牡丹皮、玄参各3克，雪梨1个，银耳罐头300克，白糖10克

## 做法

1. 将赤芍、柴胡、黄芩、夏枯草、麦门冬、牡丹皮、玄参洗净；雪梨洗净切块。
2. 将赤芍、柴胡、黄芩、夏枯草、麦门冬、牡丹皮、玄参一同放入锅中，加入适量水煎煮成药汁，去渣取汁后加入梨、银耳罐头、白糖，煮滚后即可。

## 养生功效

此汤适宜秋季肝火旺盛所致的目赤肿痛、烦躁易怒、头晕头痛，以及肺热所致的干咳、咯血、咽喉干燥、鼻干口渴和胃热所见的口臭、便秘、口舌生疮、面生痤疮、烧心者食用。

# 牡蛎白萝卜蛋汤

## 材料

牡蛎肉500克，白萝卜100克，鸡蛋1个，盐5克，葱花、红辣椒丁各适量

## 做法

1. 将牡蛎肉洗净；白萝卜洗净切丝；鸡蛋打入容器搅散。
2. 汤锅上火倒入水，放入牡蛎肉、白萝卜烧开，调入盐，淋入鸡蛋液煮熟，撒上葱花、红辣椒丁即可。

## 养生功效

此汤具有暖胃散寒、清热生津、消食化积、补虚损、收敛镇静、解毒镇痛的作用，适合冬季食用。适宜恶心呕吐、泛吐酸水、慢性痢疾、咳嗽、排尿不畅患者食用。

# 胖大海薄荷玉竹汤

### 材料

胖大海 9 克，薄荷、玉竹各 5 克，冰糖 10 克

### 做法

1. 将胖大海、薄荷、玉竹均洗净备用。
2. 锅置火上，加500毫升水，放入胖大海、玉竹煎煮5分钟。
3. 再加入薄荷、冰糖煮沸即可。

### 养生功效

此汤适宜春秋季节因上火引起的口舌生疮者、喉咙肿痛者、牙龈肿痛出血者、口腔溃疡者、阴虚干咳者，以及慢性咽炎患者、痤疮患者、糖尿病患者（不加冰糖）食用。脾胃虚寒者慎食。

# 雪莲金银花瘦肉汤

### 材料

猪瘦肉 300 克，天山雪莲、金银花、干贝、山药各适量，盐 5 克

### 做法

1. 猪瘦肉洗净，切块；天山雪莲、金银花、干贝均洗净；山药洗净，去皮，切块。
2. 将猪瘦肉放入沸水中汆水，取出洗净。
3. 将猪瘦肉、天山雪莲、金银花、干贝、山药放入锅中，加入清水用小火炖2个小时，放入盐调味即可。

### 养生功效

此汤适宜暑热汗出过多导致的气阴两虚、神疲乏力、食欲不振者食用。脾胃虚寒者慎食。

# 苦瓜菊花瘦肉汤

## 材料

猪瘦肉 400 克，苦瓜 100 克，菊花 10 克，白芝麻少许，盐 5 克

## 做法

1. 猪瘦肉洗净，切块；苦瓜洗净，切片；菊花、白芝麻洗净。
2. 猪瘦肉氽水。
3. 猪瘦肉、苦瓜、菊花放入炖锅中加水，炖2个小时，调入盐，撒上白芝麻关火，加盖闷一下即可。

## 养生功效

此汤适宜春季由上火引起的口臭、口舌生疮、目赤肿痛、咽干口渴者，以及高血压患者、高脂血症患者、脂肪肝患者食用。

# 灵芝石斛猪肉汤

## 材料

猪瘦肉 300 克，灵芝、石斛、鱼胶各适量，盐 5 克，枸杞子少许

## 做法

1. 猪瘦肉切块氽水；灵芝、鱼胶、枸杞子洗净，浸泡；石斛洗净，切片。
2. 将上述材料放入锅中，加水慢炖。
3. 炖至鱼胶变软散开后，调入盐即可。

## 养生功效

此汤适宜心律失常、失眠多梦者，以及肺结核患者、贫血者、更年期女性等食用，也适用于由夏季炎热引起的心烦易怒者，胃阴不足所见的舌红少苔、口渴咽干、呕逆少食、胃脘隐痛者，糖尿病患者，体质虚弱者。

# 太子参菊花枸杞汤

### 材料

菊花 30 克，太子参 5 克，枸杞子 5 克，冰糖适量

### 做法

❶ 菊花洗净；太子参、枸杞子洗净，枸杞子稍泡发。

❷ 太子参、枸杞子盛入煮锅，加入适量水，煮约20分钟，至汤汁变稠，加入菊花续煮5分钟，汤味醇香时，加冰糖煮至溶化即可。

### 养生功效

此汤适宜暑热咽干口燥、汗出较多、乏力体虚、心悸失眠、阴虚干咳咯血（如肺结核、肺炎等）、口干咽燥喜饮、体虚易感冒、阴虚胃痛烧心者食用。

---

# 桑葚汤

### 材料

桑葚 30 克，枸杞子 30 克，山药干 50 克，冰糖适量

### 做法

❶ 桑葚、枸杞子、山药干冲洗干净，放入锅中，加适量水，大火煮沸后转小火熬煮30分钟，滤渣，放入冰糖煮化备用。

❷ 食用时兑入少许凉白开，拌匀即可。

### 养生功效

此汤具有滋阴补肾、明目益智的功效，适宜春夏之际肝肾阴虚者食用，一般人群也可食用以补肺生津，增强免疫力。

# 鱼腥草冬瓜瘦肉汤

### 材料

鱼腥草 30 克，冬瓜 200 克，猪瘦肉 150 克，薏苡仁、川贝各 10 克，盐 3 克，姜片适量

### 做法

1. 冬瓜洗净，去皮切块；猪瘦肉洗净，切块；薏苡仁洗净，浸泡；川贝洗净；鱼腥草洗净。
2. 猪瘦肉汆水捞出。
3. 将冬瓜、猪瘦肉、薏苡仁、姜片、川贝、鱼腥草放入锅中，加水，炖煮1.5个小时后放入盐即可。

### 养生功效

此汤适宜因秋季干燥引起的肺热咳嗽、咳吐黄痰或腥臭脓痰患者（如急性肺炎、急性支气管炎、肺脓肿等患者）食用。小便不利者、脾胃虚寒者慎食。

---

# 太子参猪肉汤

### 材料

水发海底椰 100 克，猪瘦肉 75 克，太子参片 5克，姜片10克，白糖2克，高汤适量，盐3克，红椒圈少许

### 做法

1. 将水发海底椰洗净切片；猪瘦肉洗净、切片；太子参片洗净。
2. 锅内倒入高汤，调入盐、白糖、姜片，放入水发海底椰、猪肉片、太子参片烧开，撇去浮沫，煲至熟，撒上红椒圈即可。

### 养生功效

此汤适宜夏季脾气虚弱、食少倦怠、胃阴不足、气阴不足、病后虚弱、自汗口渴、肺燥干咳者食用。体胖者、舌苔厚腻者、风邪偏盛者慎食。

# 甘草猪肺汤

## 材料

熟猪肺200克，甘草、百合各10克，雪梨1个，盐4克，白糖、红辣椒圈、香菜末各少许

## 做法

❶ 熟猪肺切片，洗净；甘草、百合洗净；雪梨洗净、切丝。

❷ 锅置火上，加适量水调入盐、白糖，大火煮开，放入猪肺、甘草、雪梨、百合煮沸后转小火煲1个小时，撒上红辣椒圈、香菜末即可。

## 养生功效

此汤适宜秋季肺热咳嗽、咳黄痰者（如肺炎、支气管炎、百日咳、肺脓肿患者）、肺阴虚干咳者（肺结核、肺癌、慢性咽炎患者）食用。脾胃虚寒者、腹泻患者、高血压患者慎食。

# 大肠决明海带汤

## 材料

猪大肠200克，海带75克，豆腐50克，决明子10克，高汤适量，盐5克，菜心、枸杞子各少许

## 做法

❶ 将猪大肠翻转过来用盐反复搓洗，清洗干净内壁，切段、汆水；海带洗净、切块；豆腐洗净、切块；决明子、枸杞子洗净。

❷ 净锅上火倒入高汤，放入猪大肠、海带、决明子、豆腐，调入盐煲至熟，撒上菜心、枸杞子稍炖即可。

## 养生功效

此汤适宜夏秋季节脾胃燥热或湿热引起的口臭、口舌生疮、习惯性便秘、小便黄赤、两目干涩疼痛者，以及结肠癌患者、直肠癌患者食用。腹泻患者慎食。

## 罗汉果杏仁猪肺汤

### 材料

猪肺 100 克，杏仁、罗汉果各适量，姜片 5 克，盐 3 克

### 做法

1. 猪肺洗净，切块；杏仁、罗汉果均洗净。
2. 锅里加水煮开，将猪肺放入煲尽血渍，捞出洗净。
3. 把姜片放进砂锅中，注入清水煮开，放入杏仁、罗汉果、猪肺，大火煮沸后转用小火炖3个小时，加盐调味即可。

### 养生功效

此汤适宜秋季干燥引发的肺热咳嗽咳痰、肺阴虚干咳咯血、咽喉干燥者食用。脾胃虚寒者、便稀腹泻者慎食。

## 山药党参鹌鹑汤

### 材料

鹌鹑1只，党参20克，山药20克，枸杞子10克，盐适量

### 做法

1. 鹌鹑去内脏，洗净；党参、山药、枸杞子均洗净备用。
2. 锅中注入水煮开，放入鹌鹑汆去血水，捞出洗净。
3. 炖盅注水，放入鹌鹑、党参、山药、枸杞子，大火烧沸后改用小火煲3个小时，加盐调味即可食用。

### 养生功效

此汤适宜冬季脾肾气虚引起的神疲乏力、食欲不振、面色无华、腰膝酸软、肾虚阳痿、遗精早泄、贫血、慢性腹泻等患者食用。

# 砂仁黄芪猪肚汤

## 材料

猪肚200克，银耳30克，黄芪8克，砂仁6克，盐适量

## 做法

1. 银耳以冷水泡发，去蒂，撕小块；黄芪、砂仁洗净备用。
2. 猪肚清洗干净，汆水，切片。
3. 将猪肚、银耳、黄芪、砂仁放入瓦煲内，加适量水以大火烧沸后再以小火煲2个小时，加盐即可。

## 养生功效

此汤适宜夏季脾胃气虚者，恶心呕吐、厌油腻、便溏腹泻者，神疲乏力、困倦者，内脏下垂者，脾虚湿盛引起的妊娠胎动不安及妊娠呕吐者食用。阴虚有热者忌服。

# 无花果猪肚汤

## 材料

无花果15克，猪肚1个，姜10克，蜜枣10颗，胡椒5克，盐、醋各适量

## 做法

1. 猪肚加盐、醋反复擦洗，冲净；无花果、蜜枣洗净；胡椒稍研碎；姜洗净，去皮切片备用。
2. 猪肚汆水。
3. 将所有食材放入砂煲中，大火煲滚后改小火煲2个小时，炖至猪肚软烂后调入盐煮沸即可。

## 养生功效

此汤适宜脾胃虚弱所致的食欲不振者、消化不良者、慢性萎缩性胃炎患者、胃癌患者，秋季干燥引起的肺虚咳嗽气喘者、妊娠胎动不安者食用。

## 黄芪枸杞猪肚汤

### 材料

猪肚300克，黄芪、枸杞子、姜各10克，盐、淀粉各适量

### 做法

1. 猪肚用盐、淀粉搓洗干净，切小块；黄芪、枸杞子、姜洗净，姜去皮切片。
2. 猪肚汆水至收缩后取出，用冷水浸洗。
3. 将以上食材放入砂煲内，注水，大火煮开后转小火煲煮，2个小时后调入盐即可。

### 养生功效

此汤适宜夏季脾胃气虚引起的神疲乏力、面色无华、食少便溏、表虚自汗者，以及内脏下垂者和产后、病后体虚者食用。

## 何首乌黑豆鸡爪汤

### 材料

鸡爪8只，猪瘦肉100克，黑豆20克，红枣5颗，何首乌10克，盐适量

### 做法

1. 鸡爪斩去趾甲洗净；红枣、何首乌洗净泡发；猪瘦肉洗净汆水捞出。
2. 黑豆洗净放锅中炒至豆壳裂开。
3. 将除盐以外的材料均放入煲内加水煲3个小时，调入盐即可。

### 养生功效

此汤适宜肾虚头发早白、脱发者，头晕耳鸣、腰膝酸软、阴虚盗汗、烦热失眠者，贫血者，高血压患者等食用。脾湿中阻者、食积腹胀者、风寒感冒未愈者慎食。

# 党参麦门冬猪肉汤

### 材料

猪瘦肉 300 克，党参 15 克，麦门冬 8 克，盐 4 克，山药、姜各适量

### 做法

1. 猪瘦肉洗净，切块；党参、麦门冬均洗净；山药、姜洗净，去皮，切片。
2. 猪瘦肉汆水。
3. 锅置火上放入水烧沸，放入猪瘦肉、党参、麦门冬、山药、姜片，大火炖至山药变软后改小火炖至熟烂，加入盐调味即可。

### 养生功效

此汤适宜脾胃虚弱、夏季炎热导致的食欲不振者、少气懒言者、糖尿病患者、体质虚弱者、贫血患者、气虚或阴虚便秘者食用。

党参

麦门冬

# 灵芝红枣猪肉汤

## 材料

猪瘦肉 300 克，灵芝 10 克，玉竹 8 克，盐 5 克，红枣 4 颗

## 做法

1. 将猪瘦肉洗净、切片；灵芝、玉竹、红枣洗净备用。
2. 净锅上火倒入水，调入盐，放入猪瘦肉烧开，撇去浮沫，放入灵芝、玉竹、红枣煲至熟即可。

## 养生功效

此汤适宜夏季虚劳短气者、神疲乏力者、肺虚咳喘者、肾虚阳痿者、失眠心悸者、消化不良者、体虚容易感冒者、气血津液不足者食用。食积腹胀、急性肝炎、湿热内盛者慎食。

# 人参糯米鸡汤

## 材料

人参、肉桂各 5 克，糯米 50 克，鸡腿 1 只，红枣 10 克，盐 3 克，红椒末、香菜末各适量

## 做法

1. 将肉桂用水清洗一下，放入锅中，加水煎取药汁；人参、红枣洗净。
2. 鸡腿洗净斩块，与淘洗好的糯米、人参、红枣一起放入锅中，煮成稀粥，加入药汁，待熟后，调入盐，撒入红椒末、香菜末即可。

## 养生功效

此汤适宜夏季心阳亏虚引起的心悸怔忡、心胸憋闷或心痛、气短、冷汗、畏寒肢冷、面唇青紫的患者，以及肾阳虚引起的阳痿、遗精者食用。

# 西洋参冬瓜鸭汤

## 材料

鸭肉 500 克，冬瓜（连皮）300 克，鲜荷叶梗 60 克，西洋参 10 克，红枣 5 颗，盐适量

## 做法

1. 将鸭肉收拾干净、切块；西洋参略洗，切成薄片。
2. 将冬瓜、鲜荷叶梗、红枣分别洗净，把除盐外的所有材料放入锅内，用大火煮沸后，再用小火煲2个小时左右，最后加盐调味即可。

## 养生功效

此汤适宜夏季暑热伤津、口渴心烦、体虚乏力、汗出较多、小便黄赤、阴虚火旺、阴虚干咳、尿路感染、痤疮以及痱子等热性病患者食用。

# 生地黄鲜藕汤

## 材料

金针菇 150 克，莲藕 200 克，生地黄、葛根粉各 10 克，盐 3 克

## 做法

1. 金针菇用清水洗净，泡发后捞起沥干；生地黄洗净备用。
2. 莲藕削皮，洗净，切块，放入锅中，加适量水，再放入生地黄，以大火煮开，转小火续煮20分钟。
3. 最后加入金针菇，续煮3分钟，葛根粉勾芡倒入锅中，起锅前加盐调味即可。

## 养生功效

此汤适宜暑热汗出过多导致的气阴两虚、神疲乏力、食欲不振的患者食用。脾胃虚寒者慎食。

## 黄连阿胶鸡蛋黄汤

### 材料

阿胶 9 克，黄连 10 克，鸡蛋黄 2 个，黄芩、白芍各 3 克，白糖适量

### 做法

1. 黄连、黄芩、阿胶、白芍均洗净，除阿胶外，其余材料先放入炖锅内，先煮黄连、黄芩、白芍，加8杯水浓煎至3杯。
2. 去渣后，加阿胶烊化，再加入鸡蛋黄、白糖，搅拌均匀，煮熟即可，分3次饮用。

### 养生功效

此汤适宜夏季热邪耗伤营血津液症见发热不已、心烦失眠不得卧、口干但不欲饮水、舌红绛而干燥、大便燥结的患者食用。

## 北杏党参老鸭汤

### 材料

老鸭肉 300 克，北杏仁 20 克，党参 15 克，盐适量

### 做法

1. 老鸭肉处理干净，切成块，汆水；北杏仁洗净，浸泡；党参洗净，切段，浸泡。
2. 锅中放入老鸭肉、北杏仁、党参，加入适量清水，大火烧沸后转小火慢炖2个小时。
3. 调入盐，稍炖，关火出锅即可。

### 养生功效

此汤适宜秋季肺气虚所见的咳嗽、气喘、乏力者，如老年慢性支气管炎、慢性肺炎、肺气肿、百日咳、肺结核、肺癌等患者食用。

# 霸王花猪骨汤

### 材料

猪骨 150 克，盐 3 克，姜片 4 克，杏仁、红枣、霸王花各适量

### 做法

1. 将霸王花泡发、洗净；红枣、杏仁均洗净；猪骨洗净、斩件。
2. 锅置火上放入水烧沸，放入猪骨汆尽血水，捞出，洗净备用。
3. 将猪骨、红枣、杏仁、姜片放入瓦煲，注入适量清水，大火烧开，放入霸王花，改小火煲1.5个小时，加盐调味即可。

### 养生功效

此汤可清热滋阴、美容养颜、止咳化痰，适合秋季食用。

# 枸杞牛蛙汤

### 材料

牛蛙 2 只，姜少许，枸杞子 10 克，盐适量

### 做法

1. 将牛蛙洗净、剁块，汆烫后捞出备用。
2. 姜洗净、切丝；枸杞子以清水泡软。
3. 锅中加1500毫升水煮沸，放入牛蛙、枸杞子、姜丝，煮滚后转中火续煮2~3分钟，待牛蛙肉熟嫩，加盐调味即可。

### 养生功效

牛蛙所含的维生素 E 和锌、硒等微量元素，能延缓衰老、润泽肌肤、防癌抗癌，与枸杞子一起煲汤食用，具有滋阴补虚、健脾益血的功效，适宜夏秋季节食用。

养阴清热，生津止渴

# 银耳橘子汤

### 材料

银耳 50 克，橘子 100 克，冰糖适量

### 做法

1. 银耳洗净，泡发后沥干水分，撕成小块。
2. 橘子去皮，剥取果肉和银耳一起放入电饭煲中。
3. 往电饭煲中倒入适量的清水。
4. 加冰糖，用煮饭档煮至跳档后，即可盛出食用。

# 白萝卜羊肉汤

### 材料

羊肉 500 克，白萝卜 300 克，盐、姜片、葱段各 3 克

### 做法

1. 羊肉洗净切块；白萝卜去皮，洗净切块。
2. 炒锅放入羊肉，倒水加热，汆水后捞出沥干备用。
3. 净锅倒水烧热，放入白萝卜焯水后沥干。
4. 将羊肉、白萝卜、姜片、葱段放入电饭煲中，加水调至煲汤档，煮好后加盐调味。

益气补虚，温中暖下

养胃健脾，清心明目

# 菠萝苦瓜鸡汤

### 材料

鸡肉 300 克，菠萝、苦瓜各 100 克，盐、白糖各适量

### 做法

1. 鸡肉洗净剁块，撒上盐腌制；苦瓜洗净切成块，入沸水锅中，焯水后捞出沥干；菠萝去皮，剜去芽眼，切块后用盐水浸泡。
2. 苦瓜、菠萝、鸡肉加适量水一起倒入电饭煲，用煲汤档煮至跳档，加入盐和白糖调味即可。

# 野菊花土茯苓汤

清热解毒，养肝明目

材料

野菊花、土茯苓各 9 克，金银花 5 克，冰糖适量

做法

1. 将野菊花、金银花去杂洗净；土茯苓洗净，切成薄片备用。
2. 砂锅内加水，放入土茯苓片，大火烧沸后改用小火煮10~15分钟。
3. 然后加入冰糖、野菊花、金银花，再煮3分钟，去渣即成。

# 虫草香菇排骨汤

滋补肺肾，提高免疫

材料

冬虫夏草 5 克，排骨 300 克，香菇 40 克，红枣、盐各适量

做法

1. 排骨洗净，斩块；香菇泡发，洗净撕片；冬虫夏草、红枣均洗净。
2. 排骨汆水捞出洗净后，和红枣、冬虫夏草一起放入瓦煲内，注入水，大火烧开后放入香菇，改为小火煲煮2个小时，加盐调味即可。

# 党参豆芽尾骨汤

健脾益肺，降燥去火

材料

党参适量，黄豆芽 100 克，猪尾骨 200 克，西红柿 1 个，盐 4 克

做法

1. 猪尾骨切段，汆烫后捞出，再冲洗。
2. 黄豆芽、党参洗净；西红柿洗净，切块。
3. 将猪尾骨、黄豆芽、西红柿和党参放入炖锅中，加适量水以大火煮开，改小火炖1个小时，加盐调味即可。

滋阴润肺，消肿抗菌

# 蒲公英猪肺汤

## 材料

蒲公英 15 克，猪肺 200 克，霸王花、蜜枣、盐各适量，酱油 4 毫升

## 做法

1. 将霸王花洗净；蜜枣洗净泡发，切薄片；蒲公英洗净，煎取药汁。
2. 猪肺汆水备用。
3. 将猪肺、蜜枣放入炖盅，注水，大火烧开，放入霸王花、蒲公英药汁改小火煲2个小时，加盐、酱油调味即可。

# 豆蔻陈皮鲫鱼汤

## 材料

鲫鱼 1 条，肉豆蔻 9 克，陈皮 6 克，盐少许，葱段 15 克，食用油适量

## 做法

1. 鲫鱼收拾干净，斩成两段后放入热油锅煎香；肉豆蔻、陈皮均洗净。
2. 锅中倒入清水，放入煎过的鲫鱼，待水开后加入肉豆蔻、陈皮煲至汤汁呈乳白色。
3. 加入葱段继续熬煮20分钟，调入盐即可。

消热祛暑，健胃消食

滋养脾胃，安胎理气

# 党参茯苓鸡汤

## 材料

党参 15 克，炒白术、炙甘草各 5 克，鸡腿 2 只，茯苓 10 克，姜片适量，盐少许

## 做法

1. 将鸡腿洗净，剁小块。
2. 党参、炒白术、茯苓、炙甘草均洗净。
3. 锅中加入水煮开，放入鸡腿及做法②中的药材、姜片，转小火煮至熟，调入盐即可。

# 佛手柑老鸭汤

健胃消食，增强食欲

材料

老鸭肉 250 克，佛手柑 100 克，陈皮、山楂、枸杞子各 10 克，盐 5 克

做法

1. 老鸭肉切件汆水；佛手柑洗净，切片；枸杞子洗净，浸泡；陈皮、山楂洗净后煎汁去渣。
2. 锅中放入老鸭肉、佛手柑、枸杞子，加水，小火慢炖至香味四溢时，倒入药汁，调入盐，稍炖即可。

# 参冬猪肉汤

滋阴润肺，定喘止咳

材料

猪瘦肉 200 克，无花果 20 克，麦门冬、太子参各 15 克，盐适量

做法

1. 麦门冬、太子参略洗；无花果洗净。
2. 猪瘦肉洗净切片。
3. 把猪瘦肉、太子参、麦门冬、无花果放入炖盅内，加适量沸水，盖好盖子，隔水炖约2个小时，加盐调味即可。

# 葡萄干红枣汤

养肝补血，滋阴明目

材料

红枣 15 克，葡萄干 30 克

做法

1. 葡萄干洗净，备用。
2. 红枣去核，洗净。
3. 锅中加适量水，大火煮沸，先放入红枣煮10分钟，再放入葡萄干煮至枣烂即可。

# 党参黑豆瘦肉汤

## 材料

党参15克，黑豆50克，猪瘦肉300克，姜片、葱段、料酒、盐、淀粉各适量

## 做法

1. 将党参浸透，切成段；黑豆洗净、泡发；猪瘦肉洗净，切成片。
2. 将猪瘦肉片用盐、淀粉腌5分钟，至入味。
3. 将党参、黑豆、猪瘦肉、料酒、姜片、葱段同放入炖锅加水烧沸，再用小火炖煮45分钟，加入盐即成。

## 养生功效

此汤具补血养颜、益气利肾的功效，是冬、春季节的养生佳品。一般人群皆可食用。

# 韭菜花猪血汤

## 材料

韭菜花100克，猪血150克，红椒1个，豆瓣酱、蒜片、盐、高汤、食用油各适量

## 做法

1. 猪血洗净切块；韭菜花洗净，切段；红椒洗净，切块。
2. 锅置火上放入水煮开，放入猪血汆烫，捞出沥水。
3. 油锅烧热，将蒜片、红椒爆香，加入猪血、高汤及豆瓣酱、盐煮入味，再加入韭菜花即可。

## 养生功效

韭菜花具有补肾温阳、健脾和胃的功效，猪血养肝补血，两者搭配，最适宜女性春季食用，可改善因肾虚引起的月经不调、腰酸腰痛、夜尿频多、贫血等症状。

# 第三章

# 体质调理靓汤

中医讲究根据体质辨证调养，每个人的体质不同，需要用不同的方法来进行调养。首先要辨清自身体质，属于平和体质、气虚体质、阳虚体质、阴虚体质、血淤体质、痰湿体质、湿热体质、气郁体质、特禀体质中的哪一类，以针对体质进行调理。

# 土豆排骨汤

## 材料

排骨 500 克，土豆、西红柿各 200 克，盐、食用油各适量

## 做法

1. 排骨洗净剁成块；土豆去皮，洗净切块。
2. 将排骨放入碗中，撒上盐拌匀腌制。
3. 西红柿洗净切块，倒入炒锅，放少许油炒熟后出锅。
4. 将排骨、土豆和西红柿放入电饭煲中，加水调至煲汤档，煮好后加盐调味即可。

## 养生功效

此汤具有强身益肾、消炎、活血、消肿等功效，可辅助治疗消化不良、习惯性便秘、神疲乏力、慢性胃痛、关节疼痛、皮肤湿疹等症，适宜血淤、气虚体质者食用。

# 参果瘦肉汤

## 材料

猪瘦肉 25 克，太子参 20 克，无花果 200 克，盐适量

## 做法

1. 太子参略洗；无花果洗净。
2. 猪瘦肉洗净切片。
3. 把猪瘦肉、太子参、无花果放入炖盅内，加适量开水，盖好盖子，隔水炖约2个小时，调入盐即可。

## 养生功效

此汤具有益气养血、健胃理肠、补益脾肺的功效。适宜脾气虚弱、胃阴不足、虚热汗多、心悸不眠、多汗、水肿、消渴、精神疲乏、肺燥咳嗽者食用。表实邪盛者不宜食用。

## 芪枣黄鳝汤

### 材料

黄鳝500克，黄芪25克，姜5片，红枣5颗，盐5克，食用油适量

### 做法

1. 黄鳝处理干净，用盐腌去黏液，切段，汆去血腥；黄芪、红枣洗净。
2. 起锅爆香姜片，放入黄鳝炒片刻取出。
3. 黄芪、红枣、黄鳝放入煲内，加水煲2个小时，加盐调味即可。

### 养生功效

此汤具有补气益血、滋补强身的功效。适宜身体虚弱、风湿麻痹、四肢酸痛者，以及糖尿病患者、高脂血症患者、冠心病患者、动脉硬化患者等食用。

## 核桃猪肠汤

### 材料

猪大肠200克，核桃仁60克，熟地黄30克，红枣10颗，姜丝、葱末、料酒、盐各适量

### 做法

1. 猪大肠漂洗干净，汆水切块；核桃仁捣碎；熟地黄、红枣洗净。
2. 锅内加适量水，放入除盐外的所有材料以小火炖煮2个小时，加盐调味即成。

### 养生功效

此汤具有滋补肝肾、强健筋骨、清热祛风的功效。适宜腰腿酸软、筋骨疼痛、牙齿松动、须发早白、虚劳咳嗽、小便清冷、妇女月经和白带过多者以及痰湿体质者食用。

## 冬瓜瑶柱汤

### 材料

冬瓜 200 克，虾 30 克，瑶柱、草菇各 20 克，高汤、姜片、盐、葱花、食用油各适量

### 做法

1. 冬瓜去皮，洗净切片；瑶柱泡发；草菇洗净；虾去壳洗净。
2. 锅上火，放入油烧热爆香姜片，放入高汤、冬瓜、瑶柱、虾、草菇煮熟，加盐调味，撒上葱花即可。

### 养生功效

此汤具有滋阴补血、利水祛湿的功效。适宜肺气不利致咳嗽气喘者、妊娠水肿妇女、形体肥胖者、高血压患者、心脏病患者、肾炎水肿等患者及湿热体质者食用。

## 雪梨猪腱汤

### 材料

猪腱肉 500 克，雪梨 1 个，盐 3 克，无花果适量

### 做法

1. 猪腱肉洗净切块；雪梨去皮，洗净切块，无花果用清水浸泡，洗净。
2. 把猪腱肉、雪梨、无花果放入煲内，加适量水，大火煮沸后，改小火煲2个小时。
3. 加盐调味即可。

### 养生功效

此汤具有润肺清燥、降火解毒、清热化痰、养血生肌的功效。适宜咳嗽痰黄难咯、热病口渴、大便干结、饮酒过度者及湿热体质者食用。

## 金银花汤

### 材料

金银花 20 克，山楂 10 克，蜂蜜适量

### 做法

1. 金银花、山楂洗净放入锅内，加适量水。
2. 置大火上烧沸，5分钟后取药液一次，再加水煎熬一次，再取药汁。
3. 将两次药液合并，稍冷却，然后放入蜂蜜，搅拌均匀即可。

### 养生功效

此汤具有清热祛湿、驱散风热、活血化淤的功效。适宜头昏头晕者、口干者、多汗烦闷者、肠炎患者、菌痢患者、阑尾炎患者、痈疽疔疮患者及气郁体质者食用。

## 茯苓绿豆老鸭汤

### 材料

土茯苓 50 克，绿豆 200 克，陈皮 3 克，老鸭肉 500 克，盐少许

### 做法

1. 老鸭肉洗净，斩件备用。
2. 土茯苓、绿豆、陈皮洗净备用。
3. 瓦煲内加适量水，大火烧开，放入土茯苓、绿豆、陈皮和老鸭肉，改小火煲3个小时，加盐调味即可。

### 养生功效

此汤具有清热排毒、利湿通淋、健脾化痰、宁心安神的功效。适宜水湿内困、水肿尿少、眩晕、心悸、大便溏稀、失眠多梦者及湿热体质者食用。

# 毛桃根熟地甲鱼汤

### 材料

甲鱼1只，熟地黄20克，五指毛桃根、枸杞子各10克，盐适量

### 做法

1. 五指毛桃根、熟地黄、枸杞子均洗净，浸水10分钟。
2. 甲鱼收拾干净，斩块，汆水。
3. 将五指毛桃根、熟地黄、枸杞子放入砂锅，注水烧开，放入甲鱼块，用小火煲煮4个小时，加盐调味即可。

### 养生功效

此汤适宜肝肾阴虚引起的遗精、盗汗、心烦燥热、腰膝酸软者，以及更年期综合征患者、肿瘤患者、癌症患者等食用。

# 六味地黄鸡汤

### 材料

鸡腿150克，熟地黄25克，山药20克，茱萸果10克，丹皮、茯苓各8克，泽泻5克，红枣5颗，盐3克

### 做法

1. 鸡腿洗净，剁块，放入沸水中汆烫、捞起、冲净。
2. 将除盐以外的所有材料洗净，一同放入炖锅，加适量的水以大火煮开。
3. 转小火慢炖30分钟，加盐调味即成。

### 养生功效

此汤适宜肾阴亏虚引起的潮热、盗汗、烦躁易怒、腰膝酸软、头晕耳鸣、性欲减退、阳痿早泄、遗精、不孕不育、更年期综合征患者食用。

## 白术茯苓牛蛙汤

### 材料

白术 15 克，茯苓 15 克，白扁豆 30 克，芡实 20 克，牛蛙 4 只，盐 5 克

### 做法

1. 牛蛙宰洗干净，去皮斩块；芡实、白扁豆、白术、茯苓均洗净。
2. 白术、茯苓、白扁豆、芡实投入锅内加水大火煮沸，转至小火炖煮20分钟，再将牛蛙放入煮至熟。
3. 调入盐即可。

### 养生功效

此汤具有健脾益气、利水消肿、燥湿和中的功效。适宜脾胃气虚、不思饮食、倦怠无力、慢性腹泻、消化吸收功能低下、小儿虚汗、小儿流涎者食用。胃胀腹胀、气滞饱闷者忌食。

## 熟地黄鸭肉汤

### 材料

鸭肉 300 克，枸杞子 10 克，熟地黄 5 克，葱段、姜片各 3 克，盐 5 克

### 做法

1. 将鸭肉洗净、斩块、汆水；枸杞子、熟地黄分别洗净。
2. 净锅上火倒入适量水，调入盐、葱段、姜片，放入鸭肉、枸杞子、熟地黄，煲至熟即可。

### 养生功效

此汤适宜血虚阴亏者、肝肾不足者、骨蒸潮热者、内热消渴者、遗精阳痿者、咽干口燥者、慢性咽炎患者、糖尿病患者、高血压患者等食用。

# 三七薤白鸡腿汤

## 材料

鸡腿 350 克，枸杞子 20 克，三七、红枣、薤白各适量，盐 5 克

## 做法

1. 鸡腿收拾干净，入沸水汆烫；三七洗净，切片；薤白洗净，切碎，与三七一同煎取药汁备用。
2. 将鸡肉、枸杞子、红枣放入锅中，加适量清水，用小火慢煲2个小时后，兑入药汁，加入盐即可。

## 养生功效

此汤具有活血化淤、散结止痛、理气宽胸、通阳散结的功效。适宜胸脘痞闷、咳喘痰多、脘腹疼痛、泄痢后重、白带、疮疖痈肿者及血淤、痰湿体质者食用。阴虚发热者不宜多食，不耐蒜味者少食。

# 白扁豆鸡汤

## 材料

白扁豆 100 克，莲子 40 克，香菇 2 个，鸡腿 300 克，砂仁 10 克，盐 5 克

## 做法

1. 将鸡腿、莲子洗净置入锅中，加入适量清水，以大火煮沸，转小火煮45分钟。
2. 白扁豆洗净沥干，香菇洗净切片，与白扁豆同放入做法①的锅中煮熟。
3. 放入砂仁，搅拌均匀后加盐即可。

## 养生功效

此汤具有健脾化湿、和中止呕、消暑的功效。适宜夏季感冒、急性胃肠炎、暑热头痛头昏、恶心烦躁、口渴欲饮、心腹疼痛、饮食不香者及湿热体质者食用。寒热证患者忌食。

# 二草红豆汤

材料

红豆200克，益母草8克，红糖适量，白花蛇舌草15克

做法

1. 红豆洗净，用水浸泡；益母草、白花蛇舌草均洗净同煎汁。
2. 在做法①的汤汁中加入红豆以小火续煮1个小时，至红豆熟烂，加红糖调味食用。

养生功效

此汤具有凉血解毒、活血化淤、调经的功效。适宜月经不调、胎漏难产、胞衣不下、产后血晕、淤血腹痛、崩中漏下的女性，以及尿血者、泻血者、血淤体质者食用。黑瘦结燥、阴虚而无湿热、小便清长者忌食。

# 玉竹百合牛蛙汤

材料

牛蛙200克，玉竹50克，百合100克，高汤、枸杞子、盐各适量

做法

1. 牛蛙洗净、斩块，汆水；百合、枸杞子、玉竹洗净，浸泡备用。
2. 锅置火上放入高汤，放入牛蛙、玉竹、枸杞子、百合，调入盐，煲至熟即可。

养生功效

此汤适宜阴虚体质者、糖尿病患者、心烦失眠者、咽干口渴者、内热消渴者、肺热干咳者、冠心病患者、动脉硬化患者、风湿性心脏病患者、小便不利者食用。脾胃虚寒者、便溏腹泻者慎食。

## 金银花水鸭汤

### 材料

水鸭 1 只，金银花、枸杞子各 20 克，姜片、石斛各 8 克，盐 4 克

### 做法

1. 水鸭收拾干净，切件；金银花、石斛、枸杞子洗净，浸泡。
2. 锅置火上放水烧沸再放入水鸭、石斛、姜片和枸杞子，转至小火慢炖。
3. 1个小时后放入金银花，再炖1个小时，调入盐即可。

### 养生功效

此汤适宜阴虚燥热所见的口干咽燥、汗出、上火、口臭、口舌生疮、食欲不振、肺热咳嗽者等，以及高血压患者食用。脾胃虚寒者、慢性腹泻患者慎食。

## 沙参玉竹猪肺汤

### 材料

猪肺 350 克，沙参、玉竹各 10 克，红枣 8 颗，盐少许，清汤适量

### 做法

1. 将猪肺洗净切片；玉竹、沙参、红枣均洗净，备用。
2. 猪肺汆去血水冲净，备用。
3. 净锅上火倒入清汤，放入猪肺、玉竹、沙参、红枣，调入盐煲至熟即可。

### 养生功效

此汤适宜阴虚咳嗽咯血者（如肺炎、肺结核、肺气肿、百日咳、慢性咽炎等患者）、糖尿病患者、冠心病患者、阴虚盗汗者食用。痰湿中阻者慎食。

# 山楂陈皮菊花汤

## 材料

山楂、陈皮各 10 克，菊花 5 克，冰糖 15 克

## 做法

1. 山楂、陈皮洗净放入锅中，加400毫升水以大火煮开。
2. 转小火煮15分钟，滤去渣，加入冰糖、菊花熄火，闷片刻即可。

## 养生功效

此汤具有消食化积、行气解郁、健脾开胃的功效。适宜高脂血症患者、胸膈脾满者、血淤者、闭经者、肥胖症患者、坏血病患者、脂肪肝患者、绦虫病患者、肠道感染患者及气郁体质者等食用。孕妇多食山楂，会引发流产，故不宜多食。

# 罗汉果银花玄参汤

## 材料

罗汉果半个，金银花 6 克，玄参 8 克，薄荷 3 克，蜂蜜适量

## 做法

1. 将罗汉果、金银花、玄参、薄荷均洗净，备用。
2. 锅中加600毫升清水，大火煮开，放入罗汉果、玄参煎煮2分钟，再加入薄荷、金银花煮沸即可。
3. 滤去药渣，稍放凉加入适量蜂蜜即可。

## 养生功效

此汤适宜肺阴虚干咳咯血者（如肺结核）、慢性咽炎患者、扁桃体炎患者、热病伤津者、咽喉干燥者、肠燥便秘者、痤疮患者、疔疮患者食用。脾胃虚寒者慎食。

# 木瓜银耳猪骨汤

## 材料

木瓜 100 克，银耳 10 克，玉竹 5 克，猪骨 150 克，盐 3 克，酱油 4 毫升

## 做法

1. 木瓜去皮，洗净切块；银耳洗净，泡发撕片；猪骨洗净，斩块；玉竹洗净。
2. 猪骨汆水。
3. 将猪骨、木瓜、玉竹放入瓦煲，加适量水，大火烧开后放入银耳，改用小火炖煮2个小时，加盐、酱油即可。

## 养生功效

此汤适宜阴虚体质者、皮肤干燥暗黄者、肺阴亏虚者、胃阴虚咽干口燥者、胃脘灼痛者食用。

# 地黄绿豆大肠汤

## 材料

猪大肠 100 克，绿豆 50 克，生地黄 3 克，陈皮 3 克，盐 3 克

## 做法

1. 猪大肠切段洗净；绿豆洗净，放入清水浸泡10分钟；生地黄、陈皮均洗净。
2. 将猪大肠煮透，捞出。
3. 将除盐外的所有材料放入炖盅，注入适量清水，大火烧开，改小火煲2个小时，加盐即可。

## 养生功效

此汤适宜湿热引起的痢疾、便血、急性腹泻等肠道疾病患者，以及尿路感染、尿血、尿痛等泌尿系统疾病患者食用。脾胃虚寒者慎食。

## 浮小麦莲子黑枣汤

### 材料

黑豆、浮小麦各 30 克，莲子 7 颗，冰糖 10 克，黑枣 1 颗

### 做法

1. 将黑豆、浮小麦、莲子、黑枣分别洗净，放入锅中，加1000毫升水，大火煮开，转小火煲至材料熟烂。
2. 调入冰糖搅拌均匀即可，代茶饮用。

### 养生功效

此汤适宜阴虚自汗盗汗者、五心烦热者、心悸失眠者、遗精者、小儿遗尿患者、神经衰弱患者、更年期综合征患者等食用。脾胃虚寒者、无汗而烦躁、虚脱汗出者慎食。

## 冬瓜荷叶猪腰汤

### 材料

猪腰 150 克，冬瓜 60 克，荷叶 30 克，薏苡仁 50 克，香菇 20 克，盐 3 克

### 做法

1. 猪腰洗净切开，除去白色筋膜，汆水除血沫切块；薏苡仁浸泡，洗净；香菇洗净泡发，去蒂；冬瓜去皮、去籽，洗净切成大块；荷叶洗净。
2. 瓦煲置火上加入水，大火煲沸后加入所有材料，改用小火煲2个小时即可。

### 养生功效

此汤适宜体质偏热者、水肿胀满者、尿路感染者、高血压患者、脂肪肝患者，以及急、慢性肾炎患者等食用。

# 阿胶牛肉汤

## 材料

阿胶 10 克，牛肉 100 克，米酒 10 毫升，姜丝 10 克，红糖适量

## 做法

1. 牛肉洗净，去筋切片；阿胶研粉。
2. 牛肉片与姜丝、米酒放入砂锅，用小火煮30分钟。
3. 加入阿胶粉，并不停地搅拌，至阿胶溶化后加入红糖，搅拌均匀即可。

## 养生功效

此汤适宜气血亏虚引起的胎动不安、胎漏下血者，以及贫血头晕、体质虚弱、产后或病后血虚、低血压、月经不调、崩漏出血、失眠多梦、心律失常、神经衰弱者食用。

# 白芍山药鸡汤

## 材料

鸡肉 300 克，莲子 25 克，枸杞子 5 克，白芍 15 克，山药、盐各适量

## 做法

1. 山药去皮，洗净切块；莲子、白芍及枸杞子洗净。
2. 鸡肉剁块洗净，汆去血水。
3. 锅中加适量水，放入山药、白芍、莲子、鸡肉，大火煮沸后转中火煮至鸡肉熟烂，加枸杞子，加盐即可。

## 养生功效

此汤适宜气血亏虚者、神疲乏力者、产后或病后体虚者、妇女脾虚引起的白带清稀量多者、胃痛患者、遗精盗汗者等食用。感冒未愈者、消化不良者慎食。

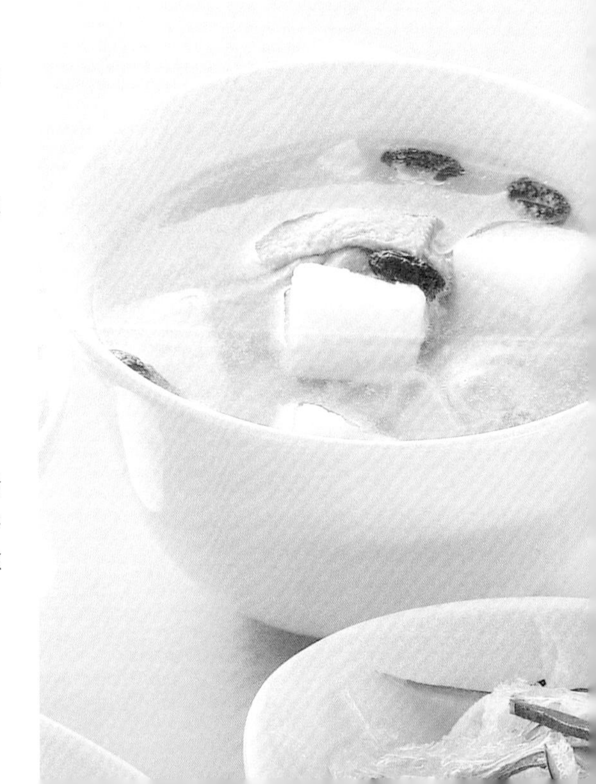

# 川芎当归鸡汤

## 材料

鸡腿 150 克，熟地黄 25 克，枸杞子、川芎各 5 克，当归 15 克，炒白芍 10 克，盐 5 克

## 做法

1. 将鸡腿剁块汆水，捞出后冲净；熟地黄、当归、枸杞子、川芎、炒白芍均洗净。
2. 将鸡腿和所有药材放入炖锅，加适量的水以大火煮开，转小火续炖40分钟。
3. 起锅前加盐即可。

## 养生功效

此汤适宜血虚患者（如面色苍白无华、神疲乏力、指甲口唇色淡者）、产后体虚者、月经不调者、痛经者、闭经者食用。感冒未愈者、有湿邪者、孕妇慎食。

# 薄荷椰子杏仁鸡汤

## 材料

薄荷叶 10 克，椰子 1 只，杏仁 20 克，鸡腿肉 350 克，盐 3 克，枸杞子、香菜末各少许

## 做法

1. 将薄荷叶洗净，切碎；椰子切开，取椰汁；杏仁洗净；鸡腿洗净斩块，汆水备用；枸杞子洗净。
2. 锅置火上倒入水，放入鸡块、薄荷叶、椰汁、杏仁烧沸煲至熟，调入盐，撒上枸杞子、香菜末即可。

## 养生功效

此汤适宜阴虚火旺者（如口干咽燥、喜冷饮、五心烦热、胃热厌食者）、肝郁气滞者、胸闷胁痛者、食积不化者、胃阴亏虚者食用。脾胃虚寒者、汗多表虚者慎食。

# 大蒜银花汤

## 材料

金银花 30 克，甘草 3 克，大蒜 20 克，白糖适量

## 做法

1. 大蒜去皮，洗净捣烂。
2. 金银花、甘草洗净，与大蒜一起放入锅中，加适量水，大火煮沸关火。
3. 调入白糖即可。

## 养生功效

此汤具有行气解郁、清热除燥、解毒杀虫、消肿止痛、止泻止痢的功效。适宜痈肿疔疮、喉痹、丹毒、热血毒痢、风热感冒、温病发热者及气郁体质者食用。阴虚火旺者忌食。

# 木瓜车前草猪腰汤

## 材料

猪腰 300 克，木瓜 200 克，车前草、茯苓各 10 克，盐、米醋、食用油各适量

## 做法

1. 将猪腰洗净，切片，汆水；车前草、茯苓洗净；木瓜洗净，去皮切块。
2. 净锅上火，倒入食用油，放入猪腰爆炒片刻，加适量清水，大火煮沸后，调入盐、米醋，放入木瓜、车前草、茯苓，转小火煲至熟即可。

## 养生功效

此汤适宜阳亢火旺体质者，以及急慢性肾炎、水肿胀满、尿路感染、慢性肝炎、高血压患者食用。

## 合欢山药鲫鱼汤

### 材料

鲫鱼1条，山药40克，合欢皮15克，山楂卷6克，盐5克，红椒末、葱花各适量

### 做法

1. 将鲫鱼收拾干净、斩块；山药去皮、洗净切块；合欢皮洗净。
2. 净锅上火倒入适量清水，调入盐，放入鲫鱼、山药、合欢皮、山楂卷，大火煲沸，转小火煲至鲫鱼熟透，撒上红椒末、葱花即可。

### 养生功效

此汤适宜气郁体质者、抑郁症患者、乳腺增生症患者、心烦失眠者、神经衰弱患者、更年期女性、食欲不振者、消化不良者、胸闷不疏者等食用。胃溃疡患者慎食。

## 黄芪骨头汤

### 材料

猪骨250克，黄芪、酸枣仁、枸杞子10克，盐、色拉油、葱段、姜片各适量

### 做法

1. 将猪骨洗净、汆水；黄芪、酸枣仁、枸杞子均用温水洗净。
2. 葱段、姜片入油锅爆出香味，放入猪骨煸炒几下，倒入水，放入黄芪、酸枣仁、枸杞子，调入盐，煲至熟即可。

### 养生功效

此汤适宜气血亏虚引起的心悸失眠、记忆衰退、心肌缺血、营养不良、贫血、低血压患者食用。

# 墨鱼冬笋薏苡仁汤

## 材料

墨鱼 150 克，冬笋 50 克，薏苡仁 30 克，葱花 10 克，盐 5 克，枸杞子、鲜贝露、文蛤精各适量

## 做法

1. 墨鱼清理干净切块氽水后盛入碗里，放适量鲜贝露、文蛤精腌制去腥；冬笋洗净、切块；薏苡仁淘洗、浸泡。
2. 汤锅上火加适量清水，调入盐，放入墨鱼、冬笋、薏苡仁，大火煮开，转小火煲熟，撒上葱花、枸杞子即可。

## 养生功效

此汤适宜阴虚火旺、暑热烦渴、消化不良、便秘、咽干口燥、皮肤粗糙、痤疮患者食用。

# 猪蹄灵芝汤

## 材料

猪蹄1只，黄瓜200克，灵芝10克，姜片10克，盐适量

## 做法

1. 将猪蹄洗净切块，氽水；黄瓜洗净，切滚刀块；灵芝洗净。
2. 汤锅里加入适量水，放入猪蹄、姜片、灵芝，煲至快熟时放入黄瓜，再煲10分钟，加盐调味即可。

## 养生功效

此汤适宜青春期女性乳房发育迟缓者、产后贫血缺乳者、虚劳短气者、失眠心悸者、不思饮食者、贫血者、体质虚弱者食用。痰多者、肥胖者、腹胀消化不良者、高脂血症患者慎食。

# 北沙参猪肚汤

### 材料

猪肚半个，北沙参 25 克，莲子、茯苓、芡实、薏苡仁各 50 克，盐 5 克

### 做法

1. 猪肚汆烫，洗净、切块。
2. 芡实、薏苡仁淘净，泡发沥干；莲子、北沙参、茯苓洗净。
3. 将除莲子、盐外的其他材料放入炖锅，加水煮沸转小火慢炖约30分钟，再加入莲子，待猪肚熟烂，加盐调味即可。

### 养生功效

此汤适宜体质虚弱者、肺虚咳嗽气喘者、阴虚咳嗽咯血者、糖尿病患者、脾胃虚弱腹泻者、自汗盗汗者、慢性咽炎者、癌症患者等食用。

芡实

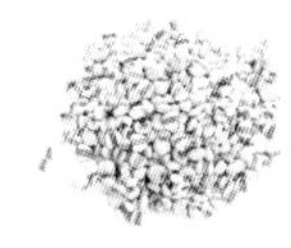

薏苡仁

滋阴补肾，和胃调中

## 冬瓜干贝虾汤

**材料**

鲜虾、冬瓜各 300 克，干贝 100 克，姜片、盐各适量

**做法**

1. 鲜虾洗净，切去虾须；冬瓜洗净，连皮切块；干贝泡软，捞出沥干，并撕成小块。
2. 炒锅内倒入清水加热，放入冬瓜焯水后捞出沥干。
3. 将虾、冬瓜、干贝、姜片放入电饭煲中，加水调至煲汤档，煮好后加盐调味即可。

## 归芪猪蹄汤

**材料**

猪蹄 1 只，当归 10 克，黄芪 15 克，盐 5 克，黑枣 5 颗

**做法**

1. 猪蹄洗净斩件，入滚水汆去血水。
2. 当归、黄芪、黑枣均洗净。
3. 把猪蹄、当归、黄芪、黑枣放入清水锅内，大火煮沸后，改小火煲3个小时，加盐调味即可。

补气养血，强壮筋骨

滋补养颜，止汗止泻

## 党参山药猪肚汤

**材料**

猪肚 250 克，党参、山药各 20 克，枸杞子适量，黄芪 5 克，姜片 10 克，盐 5 克

**做法**

1. 猪肚洗净，入沸水汆烫；党参、山药、黄芪、枸杞子洗净。
2. 将除盐以外的所有材料放入砂煲内，加水没过材料，用大火煲沸，改小火煲3个小时，调入盐即可。

# 口蘑鹌鹑蛋汤

材料

口蘑 200 克，银耳 50 克，鹌鹑蛋 100 克，西红柿 80 克，盐、白糖各适量

做法

1. 口蘑、西红柿分别洗净切块；银耳用清水泡发后洗净，撕成小块；鹌鹑蛋煮熟，剥去壳备用。
2. 将口蘑、银耳、鹌鹑蛋、西红柿和白糖一起放入电饭煲中，加适量水，用煲汤档煮至跳档后加盐调味即可。

补益气血，强身健脑

滋阴益气，养颜排毒

# 党参蛤蜊汤

材料

蛤蜊 350 克，党参 20 克，玉竹 5 克，姜、盐、黄酒各适量

做法

1. 党参、玉竹洗净，切成段；姜洗净切片；蛤蜊洗净后，放入沸水中汆烫至开壳。
2. 将蛤蜊、党参、玉竹、姜片放入煲内，加入适量清水，大火煮开，改小火煲1个小时，加入黄酒，再煲10分钟，加入盐调味即可。

# 沙参百合汤

材料

莲子 20 克，百合、枸杞子各 15 克，北沙参、玉竹、桂圆肉各 10 克，蜂蜜适量

做法

1. 北沙参、玉竹、枸杞子、百合、桂圆肉均洗净；莲子洗净去芯。
2. 将除蜂蜜外的所有材料放入煲中加水，大火煮开，转小火煲约30分钟即可关火，稍凉后加入蜂蜜搅拌均匀即可。

滋润肌肤，益气养阴

补益肝肾，补血补虚

# 红糖桑寄生汤

材料

桑寄生 50 克，红糖 12 克，竹茹 10 克，红枣 8 颗，鸡蛋 2 个

做法

1. 桑寄生、竹茹洗净；红枣洗净去核备用。
2. 将鸡蛋用水煮熟，去壳备用。
3. 桑寄生、竹茹、红枣加水以小火煲30分钟，加入鸡蛋，再加入红糖煮沸即可。

# 冬瓜肉丸汤

材料

猪肉 250 克，冬瓜 100 克，盐、淀粉各适量

做法

1. 冬瓜洗净切块；猪肉洗净，剁成肉馅，加入淀粉和水拌匀，捏成肉丸子。
2. 炒锅倒入适量清水加热，放入冬瓜焯水，捞出沥干。
3. 冬瓜和肉丸子一同放入电饭煲中，加水调至煲汤档，煮好后加盐调味即可。

滋阴润燥，利尿消肿

益气固表，强壮身体

# 鲜人参乌鸡汤

材料

鲜人参 2 根，乌鸡 650 克，猪瘦肉 200 克，姜 2 片，盐、鸡汁各适量

做法

1. 将乌鸡去内脏，洗净；猪瘦肉洗净切块；鲜人参洗净。
2. 把乌鸡、猪瘦肉入沸水氽去血污，与鲜人参、鸡汁、姜片一同装入炖盅内，移到锅中隔水炖4个小时。
3. 加盐调味即可。

# 百合半夏薏苡仁汤

材料

半夏 15 克，薏苡仁 60 克，百合 10 克，冰糖适量

做法

1. 将半夏、薏苡仁、百合分别用水洗净。
2. 锅中注入适量清水，大火煮开，再加入半夏、薏苡仁、百合，煮至薏苡仁开花熟烂，加入冰糖调味即可。

燥湿化痰，祛湿排毒

滋阴生津，养心安神

# 莲子百合麦门冬汤

材料

莲子 200 克，百合 20 克，麦门冬 15 克，冰糖 80 克，玉竹 8 克

做法

1. 莲子、麦门冬、玉竹均洗净，沥干，放入锅中，加适量清水以大火煮开，转小火续煮20分钟。
2. 百合洗净，用清水泡软，加入做法①的汤中，续煮4~5分钟后熄火。
3. 加入冰糖煮化即可。

# 红花鸡蛋汤

材料

红花 8 克，桃仁 6 克，鸡蛋 2 个，姜片 10 克，盐少许

做法

1. 将红花、桃仁洗净，同姜片一起放入锅中，加水煮沸后再煎煮15分钟。
2. 打入鸡蛋煮至蛋熟。
3. 加入盐，续煮片刻即可。

活血化淤，通经活络

生津止渴，降压降糖

# 葛根猪肉汤

材料

葛根 40 克，牛蒡 20 克，猪肉 250 克，葱、盐、胡椒粉、香油各适量

做法

1. 将猪肉洗净，切成块；葛根、牛蒡均洗净，切块；葱切花。
2. 将猪肉放入沸水中汆烫，捞出沥水。
3. 猪肉放入砂锅，再加入葛根、牛蒡，煮熟后加入盐、葱花、香油，稍煮片刻，撒上胡椒粉即成。

# 西洋参川贝瘦肉汤

材料

海底椰 15 克，西洋参 10 克，蜜枣 2 颗，川贝母 10 克，猪瘦肉 400 克，盐 5 克

做法

1. 海底椰、西洋参、蜜枣分别洗净，备用；川贝母洗净，碾碎；猪瘦肉洗净，切块。
2. 将除盐以外的所有材料放入炖盅，注入沸水炖4个小时，加盐即可。

止咳化痰，滋阴益气

润肺降燥，止咳平喘

# 天冬川贝猪肺汤

材料

猪肺 250 克，白萝卜 100 克，天冬、川贝各 15 克，南杏仁 10 克，高汤适量，姜片 10 克，盐 5 克

做法

1. 猪肺冲洗干净，切块；南杏仁、天冬、川贝均洗净；白萝卜洗净，带皮切中块。
2. 将除盐以外的所有材料放入炖盅，先用大火炖30分钟，再用中火炖50分钟，后用小火炖1个小时，加盐调味即可。

# 雪梨银耳瘦肉汤

材料

雪梨 100 克，银耳 10 克，猪瘦肉 50 克，红枣 4 颗，盐 2 克

做法

1. 雪梨去皮洗净，切块；猪瘦肉洗净，入沸水中汆烫后捞出；银耳浸泡，去除根蒂，撕成小朵，洗净；红枣洗净。
2. 将适量清水放入瓦煲内，煮沸后加入除盐以外的所有材料，大火煲开后，改用小火煲2个小时，加盐调味即可。

养阴润肺，生津润肠

滋阴补肾，美容养颜

# 黑豆莲藕猪蹄汤

材料

莲藕 200 克，猪蹄 150 克，黑豆 25 克，红枣 8 颗，当归 3 克，盐 5 克，姜片 3 克，葱花、清汤各适量

做法

1. 将莲藕洗净，切成块；猪蹄洗净，斩块；当归、黑豆、红枣洗净浸泡20分钟备用。
2. 净锅上火倒入清汤，放入姜片、当归，调入盐烧开，再放入猪蹄、莲藕、黑豆、红枣煲至熟，撒上葱花即可。

# 二冬鲍鱼汤

材料

鲍鱼 100 克，猪瘦肉 250 克，天冬、麦门冬各 50 克，桂圆肉 25 克，盐、鸡精各适量

做法

1. 鲍鱼用沸水汆烫4分钟；猪瘦肉洗净切片。
2. 天冬、麦门冬、桂圆肉洗净。
3. 把全部材料放入炖盅内，加适量沸水盖好盖子，隔滚水小火炖3个小时即可。

养阴生津，润肺清心

## 麦门冬猪肚汤

### 材料

猪肚 500 克，麦门冬 20 克，姜 10 克，盐、胡椒粉、鸡精各适量

### 做法

1. 将猪肚洗净，放入锅中煮熟后捞出；姜洗净、切片；麦门冬洗净。
2. 将煮熟的猪肚切成条状。
3. 将猪肚装入煲中，加入麦门冬、姜片，上火煲1个小时后，加入盐、鸡精、胡椒粉调味即可。

### 养生功效

麦门冬可滋阴生津、润肺止咳、清心除烦；猪肚可健脾益气，具有辅助治疗虚劳羸弱、泄泻、下痢、消渴、小便频数、小儿疳积的功效，一般人群皆可食用。

## 山药猪肚汤

### 材料

猪肚 500 克，山药 100 克，红枣 8 颗，盐 5 克，鸡精适量

### 做法

1. 将猪肚用开水汆烫片刻，刮除黑色黏膜，洗净切块；红枣洗净。
2. 将山药用清水洗净，切片。
3. 将猪肚、山药和红枣放入砂煲内，加适量清水，大火煮沸后改用小火煲2个小时，加入盐和鸡精调味即可。

### 养生功效

山药、猪肚均可健脾益气，对脾虚腹泻、食欲缺乏、面色萎黄等均有疗效，一般人群皆可食用。

第四章

# 防病祛病靓汤

俗话说：“喝药不如喝汤，看病不如防病。”无论是中餐、西餐，还是盛肴、便餐、汤都是餐中“宠物”。嗜汤、喜汤、品汤已成时尚，可谓“无汤不成席”。饭前喝一碗清补滋润、味香营养的养生汤，不仅有病可疗，而且无病可防，强身健体，能够喝出健康。

# 银耳木瓜汤

## 材料

西米100克，银耳50克，木瓜200克，红枣10克，白糖适量

## 做法

1. 西米泡发洗净；木瓜去皮、去籽，洗净切块；银耳泡发，洗净，摘成小朵；红枣洗净，去核。
2. 锅中放入做法①的食材，大火煮沸，转小火续煮30分钟。
3. 加入白糖至溶化即可。

## 养生功效

此汤适宜高血压患者、高脂血症患者、糖尿病患者（不加白糖）、阴虚干咳者、皮肤干燥粗糙者、慢性萎缩性胃炎患者、慢性肾炎患者、痛风患者、消化不良者、便秘患者等食用。孕妇以及对木瓜过敏者慎食。

# 紫苏苋菜鱼汤

## 材料

墨鱼120克，苋菜80克，紫苏30克，高汤适量，姜6克，盐5克

## 做法

1. 将墨鱼收拾干净，切块；苋菜洗净、切段；紫苏洗净；姜洗净，切片。
2. 锅上火倒入高汤，大火煮开，放入墨鱼、苋菜、紫苏、姜片，转小火煮10分钟，调入盐，煲至熟即可。

## 养生功效

此汤适宜风寒感冒、头痛无汗、畏寒、虚寒胃痛、寒湿引起的脘腹胀闷、呕恶腹泻、下痢清谷等患者食用。

# 杨桃乌梅甜汤

## 材料

杨桃 1 个，乌梅 4 颗，麦门冬、天冬各 10 克，冰糖、紫苏梅汁各适量

## 做法

1. 将麦门冬、天冬洗净放入纱布袋；杨桃表皮以少量的盐搓洗，切除头尾，洗净再切成片状；乌梅洗净。
2. 将纱布袋、杨桃、乌梅一同放入锅中，以小火煮沸，加入冰糖搅拌溶化。
3. 取出纱布袋，加入紫苏梅汁拌匀即可。

## 养生功效

此汤适宜咽干喑哑、咽喉肿痛、暑热烦渴者，以及肺阴虚干咳咯血者、慢性萎缩性胃炎者、高血压患者、高脂血症患者等食用。

乌梅

冰糖

# 玉米须瘦肉汤

## 材料

猪瘦肉 400 克，玉米须 30 克，扁豆 100 克，蜜枣 10 颗，口蘑 100 克，盐 5 克

## 做法

1. 猪瘦肉洗净切块；玉米须、扁豆均洗净浸泡；口蘑洗净，切段。
2. 猪瘦肉入沸水汆去血水。
3. 锅中加水烧开，放入猪瘦肉、扁豆、蜜枣、口蘑，小火慢炖2个小时后放入玉米须炖煮5分钟，加盐即可。

## 养生功效

此汤适宜尿路感染患者、急性肾炎患者、高血压患者、高脂血症患者、糖尿病患者、肝腹水患者以及肥胖者等食用。脾胃虚寒者、夜尿频多者慎食。

---

# 蒲公英红豆糯米汤

## 材料

糯米 50 克，红豆 30 克，薏苡仁 20 克，蒲公英 10 克，白糖 5 克，葱花 7 克

## 做法

1. 糯米、红豆、薏苡仁均泡发洗净；蒲公英洗净，煎取药汁备用。
2. 糯米、红豆、薏苡仁放入锅中，加水以大火煮开，转小火煮至米粒开花。
3. 倒入蒲公英汁煮至粥呈浓稠状，撒上葱花，调入白糖拌匀即可。

## 养生功效

此汤适宜急性咽炎患者、扁桃体炎患者、急性乳腺炎患者、热毒性疔疮疖肿患者、尿路感染患者、肺脓肿患者、痢疾患者、湿热腹泻者等食用。脾胃虚寒者慎食。

# 桑叶连翘金银花汤

## 材料

桑叶、连翘各 10 克，金银花 8 克，蜂蜜适量

## 做法

❶ 将桑叶、连翘、金银花均洗净。
❷ 锅中加入600毫升清水，大火煮沸后，先放入连翘煮3分钟，再放入桑叶、金银花即可关火。
❸ 滤去药渣，留汁，稍放凉加入适量蜂蜜搅拌均匀即可。

## 养生功效

此汤适宜外感风热引起的较轻的发热、咳嗽、眼赤（如感冒）患者，以及疔疮痈肿患者、鼻干咽燥者、流行性感冒患者、结膜炎患者等食用。脾胃虚寒者慎食。

# 玫瑰花调经汤

## 材料

玫瑰花 7~8 朵，益母草 10 克，郁金 5 克，红糖适量

## 做法

❶ 将玫瑰花、益母草、郁金略洗，除去杂质。
❷ 将玫瑰花、益母草、郁金放入锅中，加600毫升水，大火煮开后再煮5分钟。
❸ 关火滤去药渣，调入红糖即可。

## 养生功效

此汤适宜月经不调（如痛经、闭经、经期错乱、经前乳房胀痛）患者、面色萎黄无光泽者、乳腺增生患者、胃脘痛者、产后血淤腹痛者、血淤型盆腔炎患者、抑郁症患者等食用。阴虚火旺者、孕妇慎食。

# 三七木耳乌鸡汤

## 材料

乌鸡 150 克，三七 5 克，黑木耳 10 克，姜片 10 克，盐 2 克

## 做法

1. 乌鸡收拾干净，斩件；三七洗净，切成薄片；黑木耳泡发洗净，撕成小朵。
2. 乌鸡入沸水中汆烫。
3. 瓦煲装水煮沸后加入乌鸡、三七、黑木耳、姜片，大火煲沸后改用小火煲3个小时，加盐即可。

## 养生功效

此汤适宜高血压患者、高脂血症患者、冠心病患者、心绞痛患者、动脉硬化等心脑血管疾病患者、贫血体虚者、胃出血患者食用。血热出血者、孕妇慎食。

---

# 白芷当归鸡汤

## 材料

白芷、当归、茯苓各 10 克，红枣 3 颗，玉竹、枸杞子各 5 克，土鸡半只，盐适量

## 做法

1. 将白芷、当归、茯苓、红枣、玉竹、枸杞子洗净；土鸡收拾干净，斩块汆水。
2. 另起锅，除盐以外的所有材料都放入锅中，加适量清水，大火煮开，转小火续炖2个小时，加盐调味即可。

## 养生功效

此汤适宜贫血患者、皮肤暗黄无光泽者、气虚乏力者、食欲不振者、抵抗力差易感冒者、月经不调者、产后或病后体虚者食用。感冒患者、实邪未清者慎食。

# 益智仁鸡汤

## 材料

鸡翅 200 克，益智仁 15 克，五味子、桂圆肉各 10 克，枸杞子 15 克，竹荪 5 克，盐适量

## 做法

1. 所有材料洗净，益智仁、五味子用纱布包起、扎紧；鸡翅剁成块；竹荪洗净泡软后切段。
2. 锅置火上加入水烧沸，放入纱布袋、鸡翅、枸杞子、桂圆肉，炖至鸡翅熟烂，放入竹荪，煮约10分钟，加盐即可。

## 养生功效

此汤适宜小便频数、遗尿、遗精、盗汗者食用。

# 当归月季土鸡汤

## 材料

土鸡肉 175 克，平菇 50 克，当归 15 克，月季花 5 克，桂圆肉 10 颗，盐 4 克，葱段 2 克，姜片 3 克，高汤适量

## 做法

1. 土鸡肉洗净，切块汆水；平菇洗净撕条；当归、月季花洗净，煎取药汁备用；桂圆肉洗净。
2. 高汤锅内放入土鸡肉、平菇、桂圆肉、葱段、姜片煮熟，倒入药汁，调入盐即可。

## 养生功效

此汤适宜月经不调，如痛经、闭经、月经量少者，以及产后血虚血淤腹痛者、心绞痛患者、心律失常患者、贫血患者等食用。感冒未愈者、孕妇慎食。

## 香附花胶鸡爪汤

### 材料

香附、当归各 10 克，党参 8 克，鸡爪 200 克，花胶、香菇、盐各适量

### 做法

1. 香附、当归、党参、香菇均洗净；鸡爪洗净，汆水；花胶洗净，浸泡。
2. 锅中加1200毫升水，放入除盐以外的所有食材，大火煮开后转小火煮2个小时。
3. 加入盐调味即可。

### 养生功效

此汤适宜月经不调、崩漏带下者，肝气郁结、抑郁不欢、乳房胀痛、胁肋疼痛者，肝胃不和、腹胀痞满者，面生色斑者食用。孕妇慎食。

## 海底椰参贝瘦肉汤

### 材料

海底椰 150 克，西洋参、川贝母各 10 克，猪瘦肉 400 克，蜜枣 2 颗，盐 2 克

### 做法

1. 海底椰、西洋参、川贝母均洗净。
2. 猪瘦肉洗净，切块，汆水；蜜枣洗净。
3. 将除盐以外的所有材料放入煲内，注入适量沸水，加盖，煲4个小时，加盐即可。

### 养生功效

此汤适宜阴虚干咳、咯血者，肺热咳吐黄痰者，咽干口渴者，暑热汗出过多体虚者，慢性咽炎患者，阴虚便秘者，皮肤干燥粗糙者食用。脾胃虚寒、风寒感冒未愈者慎食。

# 天麻黄精老鸽汤

## 材料

老鸽1只，天麻15克，黄精、地龙各10克，枸杞子少许，盐、葱各3克，姜片5克

## 做法

1. 老鸽收拾干净；天麻、地龙、黄精、枸杞子均洗净；葱洗净切段。
2. 老鸽放入沸水中汆烫，捞出。
3. 炖盅注水，放入天麻、地龙、黄精、枸杞子、姜片、老鸽，大火煲沸后改小火煲3个小时，放入葱段，加盐即可。

## 养生功效

此汤适宜高血压患者、动脉硬化患者、肢体麻木者、头晕头痛者、中风半身不遂者、帕金森病患者、肾虚者、阿尔茨海默病患者、体质虚弱者等食用。

# 沙参莲子汤

## 材料

枸杞子10克，新鲜百合30克，莲子10克，北沙参、葱花、冰糖各适量

## 做法

1. 百合、北沙参、枸杞子、莲子均洗净。
2. 北沙参、枸杞子、莲子放入煮锅，加适量水，煮约40分钟，至汤汁变稠，加入剥瓣的百合续煮5分钟，汤味醇香时，加冰糖煮至溶化，撒上葱花即可。

## 养生功效

此汤适宜阴虚干咳咯血者、咽干口燥者、贫血者、心悸失眠者、神经衰弱者、皮肤干燥粗糙暗黄者、肠燥便秘者食用。

# 细辛洋葱姜汤

### 材料

细辛 15 克，姜 10 克，洋葱 1 个，葱、盐各适量

### 做法

❶ 细辛洗净备用；姜洗净，切片；洋葱洗净，切大块；葱洗净，切碎。

❷ 锅置火上，倒入清水，先放入细辛，煎煮15分钟，捞去药渣，锅中留药汁，再加入洋葱、姜续煮20分钟，加盐调味，撒上葱花即可。

### 养生功效

此汤适宜风寒感冒引起的恶寒发热、头痛无汗、鼻塞流涕患者，以及脾胃虚寒者、自感项背冰凉者食用。

# 海带姜汤

### 材料

海带 200 条，姜片 10 克，夏枯草、白芷各 10 克

### 做法

❶ 海带泡发，洗净后切段；夏枯草、白芷洗净，煎取药汁备用。

❷ 将海带、姜片、药汁一起放入锅中，置大火上烧开。

❸ 转小火再煮1个小时，滤去渣即可。

### 养生功效

此汤适宜痛风患者、缺碘性甲状腺肿大患者、食欲不振者、高血压患者、糖尿病患者、体虚易感冒者食用。

# 鲜车前草猪肚汤

### 材料

鲜车前草 30 克，猪肚 300 克，薏苡仁、红豆各 20 克，蜜枣 10 颗，盐、淀粉各适量

### 做法

1. 将鲜车前草、薏苡仁、红豆均洗净；猪肚翻转，用盐、淀粉反复搓洗，冲净；蜜枣洗净备用。
2. 猪肚入沸水氽至收缩，捞出切片。
3. 砂煲内注水，煮滚后加入除盐外的所有材料，以小火煲2个小时，加盐即可。

### 养生功效

此汤适宜湿热腹泻患者、尿路感染患者，以及肝经湿热引起的目赤肿痛、口舌生疮、小便黄赤等患者食用。脾胃虚寒者慎食。

红豆

车前草

# 海底椰贝杏鹌鹑汤

### 材料

鹌鹑1只，川贝母、杏仁、蜜枣、枸杞子、海底椰各适量，盐3克

### 做法

1. 鹌鹑收拾干净；川贝母、杏仁均洗净；蜜枣、枸杞子均洗净泡发；海底椰洗净，切薄片。
2. 鹌鹑放入沸水中煮去血水，捞起洗净。
3. 瓦煲注入适量水，放入全部材料，大火烧开，改小火煲3个小时即可。

### 养生功效

此汤适宜肺虚哮喘、咳嗽、咳痰、气喘者，以及体质虚弱者、神疲乏力者、小儿肺炎患者、百日咳患者、慢性咽炎患者、气虚或阴虚便秘者等食用。

# 杏仁无花果排骨汤

### 材料

猪排骨200克，南、北杏仁各10克，无花果、姜片各适量，盐3克

### 做法

1. 猪排骨洗净，斩块；南、北杏仁和无花果均洗净。
2. 猪排骨入沸水中汆去血水。
3. 砂煲内注入适量水烧开，放入猪排骨、南杏仁、北杏仁、无花果、姜片，用大火煲沸后改小火煲2个小时，加盐调味即可。

### 养生功效

此汤适宜咳嗽咳痰者（如肺炎、肺气肿、肺癌等患者）、咽喉干燥者、便秘患者、胃癌患者、肠癌患者等食用。正常血钾性周期性麻痹者、便稀腹泻者慎食。

# 双草猪胰汤

## 材料

鸡骨草、夏枯草各 20 克，猪胰 200 克，姜适量，盐 2 克

## 做法

1. 猪胰刮洗干净；鸡骨草、夏枯草洗干净；姜洗净，去皮切片。
2. 猪胰放入沸水中汆煮去腥。
3. 瓦煲加入适量清水，煮沸后加入所有材料，煲2个小时即可。

## 养生功效

此汤适宜甲状腺功能亢进、淋巴结结核、乳腺炎、乳癌、尿路感染、目赤痒痛、畏光流泪、头目眩晕、口眼歪斜、筋骨疼痛、肺结核、急性黄疸型传染性肝炎等患者食用。慢性肠炎患者慎食。

# 槐米猪肠汤

## 材料

猪肠 100 克，三七 15 克，槐米 10 克，蜜枣 20 克，盐、姜各适量

## 做法

1. 猪肠洗净，切段后用盐抓洗，用清水冲净；三七、槐米、蜜枣均洗净备用；姜去皮，洗净切片。
2. 将猪肠、蜜枣、三七、姜放入瓦煲内，再倒入适量清水，以大火烧开，转小火炖煮20分钟至熟。
3. 再放入槐米炖煮3分钟，加盐调味即可。

## 养生功效

此汤适宜便血者、肠癌患者、功能性子宫出血的患者食用。孕妇慎食。

# 银杏覆盆子猪肚汤

## 材料

猪肚 150 克，盐、银杏、覆盆子各适量，姜片、葱各 5 克

## 做法

1. 猪肚洗净切段，加盐搓洗后冲净；银杏洗净去壳；覆盆子洗净；葱洗净切段。
2. 将猪肚、银杏、覆盆子、姜片放入瓦煲内，加水大火烧开，改小火炖煮2个小时。
3. 加盐调味，起锅后撒上葱段即可。

## 养生功效

此汤适宜虚冷腹泻、肾虚早泄、遗精者，以及白带黏稠量多有鱼腥味的女性、小儿遗尿患者、夜尿频多的老年人、脾胃虚寒者、食欲不振者等食用。

# 佛手延胡索猪肝汤

## 材料

佛手 10 克，延胡索 9 克，制香附 8 克，猪肝 100 克，盐、姜丝、葱花各适量

## 做法

1. 将佛手、延胡索、制香附洗净；猪肝洗净，切片。
2. 将佛手、延胡索、制香附放入锅内，加水煮沸，再用小火煮15分钟左右。
3. 加入猪肝片、姜丝、葱花，炖至熟，加盐调味即可。

## 养生功效

此汤适宜胸胁胀痛、胸痹心痛、肝区疼痛、乳腺增生、乳腺纤维瘤、筋骨痛、痛经、经闭、产后淤血腹痛、跌打损伤等患者食用。孕妇不宜多食。

# 远志菖蒲猪心汤

## 材料

猪心300克，胡萝卜1根，远志9克，菖蒲15克，盐2克，葱适量

## 做法

❶ 将远志、菖蒲洗净装在纱布袋内，扎紧袋口备用。

❷ 猪心氽水切片；葱洗净，切段。

❸ 胡萝卜削皮洗净，切片，与药袋一起放入锅内，加适量清水，以中火滚沸，再放入猪心煮熟，撒入葱段，调入盐即成。

## 养生功效

此汤适宜神经官能综合征、心悸、失眠、健忘、高热惊厥、神昏、癫狂、耳鸣耳聋患者食用。

胡萝卜

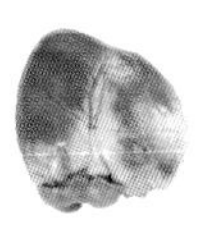

猪心

# 郁金红枣黄鳝汤

### 材料

黄鳝 500 克，郁金 9 克，姜片 10 克，延胡索、红枣各 10 克，盐、食用油、料酒各适量

### 做法

1. 黄鳝用盐腌去黏液，清洗干净；郁金、延胡索洗净，煎取药汁；红枣洗净。
2. 起油锅爆香姜片，加少许料酒，放入黄鳝炒片刻取出。
3. 红枣、姜片与黄鳝肉一起放入瓦煲内，加水，大火煮开后改小火煲1个小时，加入药汁，加盐调味即可。

### 养生功效

此汤适宜风湿性关节炎、肩周炎、筋骨疼痛等风湿病患者，以及跌打损伤者食用。孕妇慎食。

# 葛根黄鳝汤

### 材料

黄鳝 2 条，山药 60 克，葛根 30 克，枸杞子、盐各 5 克，葱段、姜片各 5 克

### 做法

1. 将黄鳝收拾干净、切成段，汆水；山药去皮、洗净，切片；葛根、枸杞子洗净。
2. 锅中放入盐、葱段、姜片，以大火煮开后，放入黄鳝、山药、葛根、枸杞子煲至熟即可。

### 养生功效

此汤适宜热性病症患者、暑热烦渴者、小便短赤者、尿路感染者、急性肾炎患者、高血压患者、高脂血症患者、肥胖患者、脂肪肝患者、病毒性肝炎患者、风热感冒患者等食用。

## 灵芝石斛甲鱼汤

### 材料

甲鱼1只，灵芝15克，石斛10克，盐3克，枸杞子少许

### 做法

1. 甲鱼收拾干净，斩块；灵芝洗净掰成小块；石斛、枸杞子均洗净，泡发。
2. 甲鱼入沸水中汆烫去血水。
3. 将甲鱼、灵芝、石斛、枸杞子和适量清水放入瓦煲，大火煲沸后改为小火煲3个小时，加盐即可。

### 养生功效

此汤适宜子宫肌瘤患者、肺结核患者、贫血者、更年期女性、阴虚发热者、心烦易怒者、失眠者、胃阴不足所见的口渴咽干者、呕逆少食者、胃脘隐痛者等食用。

## 香菇枣仁甲鱼汤

### 材料

甲鱼500克，香菇、豆腐皮、上海青各适量，酸枣仁10克，盐、姜片各少许

### 做法

1. 甲鱼处理干净；香菇、豆腐皮、上海青均洗净切好，入沸水中焯熟；酸枣仁洗净。
2. 甲鱼汆去血水后入瓦煲，加入姜片、酸枣仁和适量清水煲开。
3. 煲至甲鱼熟烂，放入盐调味，用香菇、豆腐皮、上海青装饰盛碗即可。

### 养生功效

此汤适宜甲状腺功能亢进、癌症、失眠、更年期综合征、阴虚盗汗、病后或产后体质虚弱、糖尿病等患者食用。

# 茯苓菊花猪肉汤

## 材料

猪瘦肉 400 克，鲜茯苓 25 克，菊花、白芝麻、盐各 5 克

## 做法

1. 猪瘦肉洗净，切块；鲜茯苓洗净，切片；菊花、白芝麻洗净。
2. 猪瘦肉入沸水中汆烫，捞出沥水。
3. 将猪瘦肉、茯苓、菊花放入炖锅中，加水，炖2个小时，调入盐，撒上白芝麻关火，加盖闷一下即可。

## 养生功效

此汤适宜体质虚弱、贫血、更年期综合征患者食用。

# 板蓝根猪腱汤

## 材料

板蓝根 10 克，连翘 8 克，苦笋 50 克，猪腱肉 180 克，盐适量

## 做法

1. 板蓝根、连翘均洗净，煎取药汁备用。
2. 猪腱肉洗净，斩块；苦笋洗净，切片。
3. 将苦笋、猪腱肉加入药汁，放入炖盅内隔水蒸2个小时，调入盐即可。

## 养生功效

此汤适宜风热感冒、流行性感冒、流行性结膜炎、流行性脑脊髓膜炎、口舌生疮、带状疱疹、咽炎、腮腺炎、眼睛红肿疼痛、疮疹、各种疔疮痈肿等患者食用。

# 柴胡枸杞羊肉汤

## 材料

柴胡 9 克，枸杞子 10 克，盐 5 克，羊肉片、上海青各 200 克

## 做法

1. 柴胡冲洗净，放进煮锅中加4碗水熬汤，熬到约剩3碗，去渣留汁；上海青洗净切段。
2. 枸杞子洗净，放入做法①的汤汁中煮软，放入羊肉片，并加入上海青。
3. 煮至羊肉片熟，加盐调味即可。

## 养生功效

此汤适宜内脏下垂患者（如胃下垂、子宫脱垂、脱肛等患者）、胃痛者、萎缩性胃炎患者、胃溃疡患者、月经不调者、肝郁引起的郁郁寡欢者等食用。阴虚火旺者慎食。

枸杞子

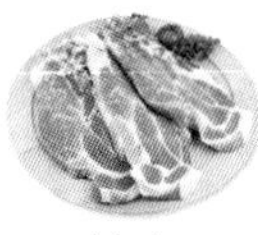

羊肉

疏风散热

# 菊花桔梗雪梨汤

材料

甘菊 5 朵，桔梗 5 克，雪梨 1 个，冰糖适量

做法

❶ 甘菊、桔梗洗净，加1200毫升水煮开，转小火继续煮10分钟，去渣留汁。

❷ 加入冰糖搅匀后，盛出待凉。

❸ 雪梨洗净，削去皮，梨肉切丁，加入已凉的汁中即可。

# 泽泻薏苡仁瘦肉汤

材料

猪瘦肉 50 克，薏苡仁 35 克，泽泻 20 克，盐 3 克

做法

❶ 猪瘦肉洗净，切片；泽泻洗净；薏苡仁淘洗干净，备用。

❷ 把猪瘦肉、薏苡仁、泽泻均放入锅内，加适量清水，大火煮沸后转小火煲2个小时，拣去泽泻，调入盐即可。

利水消肿

清热解毒

# 花草瘦肉汤

材料

鱼腥草、金银花各 15 克，白茅根 25 克，连翘 12 克，猪瘦肉 100 克，盐 3 克

做法

❶ 把鱼腥草、金银花、白茅根、连翘洗净，放入锅内加适量清水，用小火煮30分钟，去渣留汁。

❷ 猪瘦肉洗净切片，放入药汁里，用小火煮熟，调入盐即可。

# 丹参三七鸡汤

材料

乌鸡1只，丹参15克，三七10克，姜丝适量，盐5克

做法

1. 乌鸡处理干净，切块；丹参、三七洗净。
2. 三七、丹参装入纱布袋中，扎紧袋口。
3. 纱布袋与乌鸡放于砂锅中，加适量清水，煮沸后，加姜丝，小火炖1个小时，加盐调味即可。

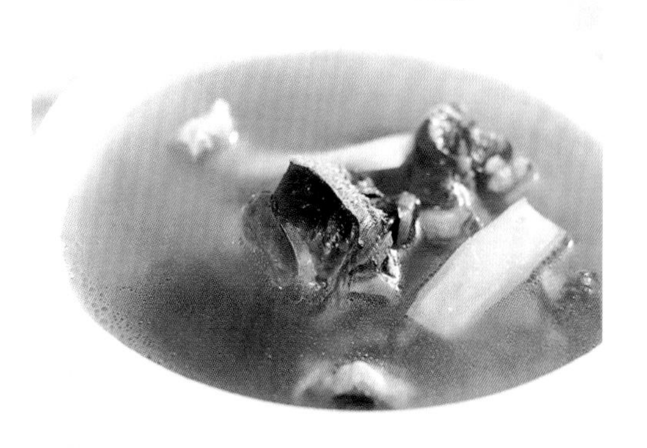

活血化淤

补益肝肾

# 杜仲寄生鸡汤

材料

炒杜仲30克，桑寄生25克，鸡腿150克，姜丝10克，盐5克

做法

1. 鸡腿剁块汆水；炒杜仲、桑寄生洗净。
2. 将鸡腿、炒杜仲、桑寄生、姜丝放入锅中，加适量清水。
3. 以大火煮开，再转小火续煮40分钟，加盐调味即可。

# 南瓜鸡内金瘦肉汤

材料

南瓜200克，猪腿肉150克，核桃仁、鸡内金粉各10克，红枣5颗，盐、高汤各适量

做法

1. 南瓜去皮切成方块；猪腿肉洗净，切块；红枣、核桃仁洗净。
2. 猪腿肉入沸水锅中汆去血水。
3. 将南瓜、猪腿肉、核桃仁、红枣放入砂煲内，注入高汤，小火煲煮90分钟后调入盐，撒上鸡内金粉即可。

消食通便

滋阴润燥

# 薄荷玉竹水鸭汤

## 材料

嫩薄荷叶 30 克，百合、玉竹各 10 克，水鸭肉 400 克，姜片 10 克，盐、食用油各适量

## 做法

1. 水鸭肉洗净，斩块，汆水；嫩薄荷叶、百合、玉竹洗净。
2. 姜片、鸭肉块炒干水分盛出倒入煲中，注入适量清水大火煲30分钟，再放入薄荷叶、玉竹、百合，转小火煮10分钟，加盐调味即可。

# 麦门冬地黄龙骨汤

## 材料

猪脊骨 250 克，天冬、麦门冬各 10 克，熟地黄、生地黄各 15 克，盐适量

## 做法

1. 天冬、麦门冬、熟地黄、生地黄洗净。
2. 猪脊骨汆水，捞出沥干备用。
3. 把猪脊骨、天冬、麦门冬、熟地黄、生地黄放入炖盅内，加适量开水，盖好盖子，隔滚水用小火炖约3个小时，调入盐即可。

滋阴生津

润肺止咳

# 玉竹沙参鹌鹑汤

## 材料

鹌鹑 1 只，猪瘦肉 50 克，玉竹 8 克，北沙参、百合各 6 克，姜片、料酒、盐各适量

## 做法

1. 玉竹、百合、北沙参用温水浸透，洗净。
2. 鹌鹑洗干净，去其头、爪、内脏，斩件；猪瘦肉洗净，切成块。
3. 将鹌鹑、猪瘦肉、玉竹、北沙参、百合、姜片、料酒置于煲内，加适量沸水，大火炖30分钟，转小火炖1个小时，加盐调味。

# 佛手瓜白芍瘦肉汤

材料

鲜佛手瓜 200 克，白芍 20 克，猪瘦肉 400 克，红枣 5 颗，盐 3 克

做法

1. 鲜佛手瓜洗净，切片，焯水。
2. 白芍、红枣洗净；瘦猪肉洗净，切片，入沸水中汆烫，捞出沥水。
3. 将适量清水放入瓦煲内，煮沸后加入除盐以外的全部材料，大火滚开后，改用小火煲2个小时，加盐调味即可。

行气止痛

利水消肿

# 茅根马蹄瘦肉汤

材料

干白茅根 15 克，马蹄 10 颗，莲藕 20 克，猪腿肉 300 克，盐适量

做法

1. 干白茅根、莲藕均洗净；马蹄洗净去皮；猪腿肉洗净，切块。
2. 将白茅根、马蹄、莲藕、猪腿肉一起放入砂锅，大火煲沸后改小火煲2个小时。
3. 加盐调味即可。

# 益母草红枣瘦肉汤

材料

益母草 20 克，当归 8 克，猪瘦肉 250 克，红枣 20 克，盐适量

做法

1. 益母草、当归洗净；红枣洗净，去核；猪瘦肉洗净，切大块。
2. 把猪瘦肉、当归、红枣先放入锅内，加适量清水，大火煮沸后，改小火煲1个小时，再放入益母草稍煮5分钟，调入盐即可。

活血调经

凉血止血

# 槐米排骨汤

材料

丹参20克，槐米8克，赤芍6克，猪排骨200克，盐5克

做法

1. 将丹参、槐米、赤芍分别洗净，装入纱布袋，扎紧口备用；将猪排骨洗净，汆水后备用。
2. 将药袋和猪排骨同放锅内，加水煮开后改小火慢炖，炖至猪排骨熟烂，拣去药袋，加盐调味即可。

# 马齿苋杏仁瘦肉汤

材料

鲜马齿苋100克，金银花6克，杏仁20克，猪瘦肉150克，盐适量

做法

1. 鲜马齿苋、金银花、杏仁均洗净；猪瘦肉洗净切块。
2. 将除盐外的材料全部放入锅中，加入适量清水，大火煮开，转小火续煮10分钟，最后加盐调味即可。

清热利湿

清热利湿

# 马齿苋猪肠汤

材料

猪大肠300克，鲜马齿苋200克，薄荷叶、盐各适量，枸杞子少许

做法

1. 猪大肠洗净切段；马齿苋、枸杞子、薄荷叶均洗净。
2. 锅内注水烧开，放入猪大肠煮熟。
3. 将猪大肠、枸杞子、马齿苋、薄荷叶一起放入炖盅内，注入适量清水，大火烧开后再用小火煲2个小时，加盐调味即可。

# 细辛排骨汤

散寒通窍

**材料**

细辛 3 克，苍耳子、辛夷各 10 克，猪排骨 300 克，盐适量

**做法**

1. 将苍耳子（苍耳子有小毒，不宜长期服用）、辛夷均洗净，放入锅中，加适量水煎煮20分钟，取药汁；细辛洗净备用。
2. 猪排骨汆水，捞起放入砂锅中，放入细辛，加1000毫升水，大火煮沸后，用小火慢炖2个小时，倒入药汁，加盐调味即可。

# 当归桂枝猪蹄汤

活血止痛

**材料**

川芎 6 克，当归 15 克，桂枝 10 克，红枣 5 颗，猪蹄 200 克，盐适量

**做法**

1. 当归、川芎、桂枝均洗净；红枣洗净后放入温水中，浸软去核。
2. 将猪蹄收拾干净，放入开水锅内稍煮，捞起过冷水剁块。
3. 将全部材料放入砂煲内，加水，大火煮沸后，改小火煲2个小时即可。

# 鲜人参乳鸽汤

益气补血

**材料**

乳鸽 1 只，鲜人参 8 克，红枣 10 颗，姜 5 克，盐 3 克

**做法**

1. 乳鸽处理干净；鲜人参、红枣洗净；姜洗净切片。
2. 乳鸽入沸水中汆去血水。
3. 将乳鸽、人参、红枣、姜片一起装入煲中，加适量清水，以大火煮沸转小火炖煮2个小时，加盐调味即可。

活血化淤

# 当归三七鸡汤

材料

乌鸡肉 150 克，当归、三七、姜各 10 克，盐适量

做法

❶ 当归、三七洗净；乌鸡肉洗净，斩件；姜洗净切片。
❷ 将乌鸡块放入沸水中煮5分钟，取出过冷水备用。
❸ 把除盐以外的所有材料放入煲内，加适量开水，小火炖2个小时，加盐调味即可。

# 茯苓黄鳝汤

材料

黄鳝、蘑菇各 100 克，茯苓 20 克，赤芍 12 克，盐 5 克，料酒 10 毫升

做法

❶ 黄鳝处理干净，洗净切成小段；蘑菇洗净，撕成小片；茯苓、赤芍洗净。
❷ 将除盐和料酒以外的所有材料与适量清水放入锅中，大火煮沸后转小火续煮20分钟，加入盐、料酒续煮片刻即可。

化淤血、强筋骨

益气活血

# 当归猪皮汤

材料

红枣、当归、桂圆肉各适量，猪皮 500 克，盐 5 克

做法

❶ 红枣去核，洗净；当归、桂圆肉洗净。
❷ 猪皮洗净，入沸水中汆熟，捞出切丝。
❸ 将水注入砂锅内，煮沸后加入除盐以外的所有材料，大火煲开后改用小火煲3个小时，加入盐调味即可。

# 党参排骨汤

祛湿散寒

材料

羌活、独活、川芎、细辛各5克，党参15克，柴胡10克，茯苓、甘草、枳壳、干姜各5克，猪排骨250克，盐4克

做法

1. 将除盐和猪排骨外的所有药材洗净煎汁。
2. 猪排骨斩块，入沸水中汆烫，捞起冲净，放入炖锅，加药汁，再加水至没过材料，以大火煮开，转小火炖约30分钟。
3. 加盐调味即可。

# 桂枝板栗排骨汤

温经通脉

材料

猪排骨350克，桂枝20克，板栗100克，玉竹20克，枸杞子、盐各少许，鸡精3克，高汤适量

做法

1. 将猪排骨洗净、切块、汆水；桂枝、玉竹洗净，煎汁备用；板栗煮熟，去壳洗净。
2. 净锅上火倒入高汤，调入盐、鸡精，放入猪排骨、桂枝、板栗、枸杞子、玉竹煲至熟即可。

# 枸杞甲鱼汤

滋阴养血

材料

枸杞子30克，桂枝20克，莪术10克，红枣8颗，甲鱼250克，盐、鸡精各适量

做法

1. 甲鱼宰杀后洗净。
2. 枸杞子、桂枝、莪术、红枣洗净。
3. 将除盐、鸡精外的所有材料放入煲内，加适量开水，小火炖2个小时，再加盐、鸡精调味即可。

# 佛手老鸭汤

## 材料

老鸭250克，佛手瓜100克，生地黄10克，牡丹皮10克，枸杞子10克，姜片、盐、鸡精各适量

## 做法

1. 老鸭处理干净，切块后汆水；佛手瓜洗净，切片；枸杞子洗净浸泡；生地黄、牡丹皮煎汁去渣。
2. 净锅放入老鸭肉、姜片、佛手瓜、枸杞子，加适量水慢炖，至香味四溢时，倒入药汁，调入盐和鸡精，稍炖，出锅即可。

## 养生功效

佛手瓜芳香行散，具有活血化淤的功效；老鸭可益气补虚；生地黄、牡丹皮清热凉血；枸杞子能滋补肝肾。此汤适宜乳腺癌患者作为食疗膳食食用。

# 山药土茯苓瘦肉汤

## 材料

山药30克，土茯苓20克，白花蛇舌草10克，猪瘦肉、盐各适量

## 做法

1. 将山药、土茯苓洗净；猪瘦肉切块后洗净，汆水。
2. 将白花蛇舌草洗净，入锅加适量水，煎取药汁备用。
3. 将水放入瓦煲内，煮沸后加入猪瘦肉、山药、土茯苓，大火煲滚后，改用小火煲2个小时，最后倒入药汁，加盐调味即可。

## 养生功效

山药可补气健脾、燥湿止带；白花蛇舌草、土茯苓均可清热解毒、杀菌止痒、利湿止带，对湿热下注引起的阴道炎、白带异常效果较佳。

## 苋菜鸡蛋汤

### 材料

鸡蛋 2 个，苋菜 150 克，高汤、盐、鸡精、白糖各适量

### 做法

1. 将苋菜洗净，放入沸水中稍焯，捞起。
2. 煲中加入高汤，大火煮沸，再加入盐、鸡精、白糖一起煮。
3. 最后把苋菜加入高汤内，煲沸后打入鸡蛋煮入味即可。

### 养生功效

苋菜味甘、微苦，性凉，具有清热解毒、抗菌消炎、消肿、止痢等功效；鸡蛋可健脾补虚。二者同食对阴道炎、阴道瘙痒、尿道炎等症均有很好的食疗效果。

## 田螺墨鱼骨汤

### 材料

大田螺 200 克，猪肉 100 克，墨鱼骨 20 克，川芎、蜂蜜各适量

### 做法

1. 将墨鱼骨用清水洗净；川芎洗净备用。
2. 大田螺取肉洗净；猪肉洗净切片，与田螺肉一同放于砂锅中，注入500毫升清水，煮成浓汁备用。
3. 将墨鱼骨和川芎加入浓汁中，再用小火煮至肉质熟烂，调入蜂蜜即可。

### 养生功效

墨鱼可滋阴养血，对改善阴气亏虚引起的闭经、月经量少等症有较好的食疗效果；川芎行气活血、调经止痛，对气滞血淤引起的闭经、小腹隐痛或刺痛等症有很好的疗效。

## 佛手郁金乳鸽汤

### 材料

乳鸽1只，佛手9克，郁金15克，枸杞子少许，盐、葱各3克

### 做法

1. 乳鸽收拾干净；佛手、郁金洗净；枸杞子洗净泡发；葱洗净切段。
2. 乳鸽入沸水中汆烫，捞出沥水。
3. 炖盅注入水，放入佛手、郁金、枸杞子、乳鸽，大火煲沸后改为小火煲3个小时，放入葱段，加盐调味即可。

### 养生功效

此汤适宜月经不调者（如痛经、经前乳房胀痛者）、肝气郁结者（如胸胁苦满、闷闷不乐、烦躁易怒者等）、产后抑郁症患者等食用。孕妇忌食。

## 黑豆益母草瘦肉汤

### 材料

猪瘦肉250克，黑豆50克，薏苡仁30克，鲜益母草20克，枸杞子10克，盐5克

### 做法

1. 猪瘦肉切块后汆水；黑豆、薏苡仁均洗净，浸泡；鲜益母草、枸杞子均洗净。
2. 将猪瘦肉、黑豆、薏苡仁放入锅中，加水，大火煮开，转小火慢炖2个小时。
3. 放入鲜益母草、枸杞子稍炖，最后调入盐即可食用。

### 养生功效

此汤适宜肾炎、水肿、尿血患者食用。

# 第五章

# 因人补益靓汤

不同人群、不同年龄段、不同性别，以及进补时的不同情况，都可能使得同一种养生汤的功效不一样，所以进补要有针对性，要因人制宜，如小儿生机旺盛，但气血未充，脏腑娇嫩，故小儿一般不喝大温大补的汤；老人生机减退，气血亏虚，益喝滋补固元的汤。

# 玉米须蛤蜊汤

## 材料

玉米须 15 克，山药 60 克，蛤蜊 200 克，红枣 10 颗，姜片 10 克，盐 5 克

## 做法

❶ 用清水静养蛤蜊1~2天，经常换水以漂去蛤蜊中的泥沙。
❷ 玉米须、山药、蛤蜊、红枣洗净。
❸ 把除盐以外的所有材料放入瓦锅内，加入适量清水，大火煮沸后，转小火煮2个小时，加盐调味即可。

## 养生功效

此汤具有补虚、敛汗的功效，适宜小儿盗汗、自汗等症患者食用。上火发炎患者不宜食用，无汗而烦躁或虚脱汗出者忌用。

# 甘草麦枣瘦肉汤

## 材料

猪瘦肉 400 克，甘草、小麦、红枣各适量，盐 5 克

## 做法

❶ 猪瘦肉洗净，切件，汆去血水；甘草、小麦、红枣均洗净。
❷ 将猪瘦肉、甘草、小麦、红枣放入锅中，加入适量清水，大火煮沸后，转小火炖煮2个小时。
❸ 加入盐调味即可。

## 养生功效

此汤适宜更年期综合征患者、心悸者、失眠多梦者、脾胃虚弱者、食欲不振者、胃溃疡患者、五心烦热者、郁郁寡欢者等食用。高血压患者慎食。

# 四宝乳鸽汤

## 材料

乳鸽1只，山药200克，香菇40克，远志、枸杞子各10克，北杏仁、盐各适量

## 做法

1. 将乳鸽收拾干净，剁成小块；山药去皮，切块与乳鸽块一起汆水；北杏仁、香菇、枸杞子、远志洗净。
2. 将除盐以外的所有材料放入锅中，加适量清水，大火煮沸，转小火续炖2个小时，加盐调味即可。

## 养生功效

此汤适宜老年人、更年期女性、心悸失眠者、记忆力衰退者、神经官能综合征患者、体虚自汗盗汗者、肾虚腰酸者、气血亏虚者、肺虚咳嗽者等食用。

# 太子参桂圆猪心汤

## 材料

桂圆肉20克，太子参10克，红枣6颗，猪心100克，盐3克

## 做法

1. 猪心挤去血水，汆烫后切片；桂圆肉、红枣、太子参洗净切段。
2. 桂圆肉、太子参、红枣放入锅中，加入适量清水以大火煮开，转小火续煮20分钟，转中火滚沸，放入猪心，待水沸腾，加盐调味即成。

## 养生功效

此汤适宜心律失常、失眠多梦、神经衰弱、更年期综合征、自汗盗汗、脾虚食少、贫血者食用。感冒未愈者、高胆固醇血症患者、高脂血症患者慎食。

# 五味猪肝汤

## 材料

猪肝 180 克，五加皮、五味子各 15 克，红枣 2 颗，姜、枸杞子、盐各适量

## 做法

1. 猪肝洗净切片；红枣、枸杞子、五味子、五加皮洗净；姜去皮，洗净切片。
2. 猪肝汆去血沫；炖盅装水，分别放入猪肝、五味子、五加皮、枸杞子、红枣、姜片，炖3个小时，调入盐即可。

## 养生功效

此汤适宜卫表不固自汗盗汗者，视力减退、老眼昏花、夜盲症、白内障等眼病患者，风湿性关节炎患者，贫血者，体虚经常感冒者等食用。肠燥便秘者慎食。

# 柏子仁猪蹄汤

## 材料

柏子仁、葵花子仁、火麻仁各适量，猪蹄 400 克，盐适量

## 做法

1. 猪蹄洗净，剁成块；火麻仁、柏子仁均用清水冲洗干净。
2. 锅置火上，倒入适量清水，放入猪蹄汆至熟透，捞出洗净。
3. 砂锅注水烧开，放入猪蹄、柏子仁、葵花子仁、火麻仁，用大火煲沸，转小火煲3个小时，加盐调味即可。

## 养生功效

此汤适宜肠燥便秘、失眠多梦、心慌、忧郁、焦虑、遗精盗汗、食欲不振等患者以及阿尔茨海默病患者、记忆力衰退者等食用。便稀腹泻、痢疾者慎食。

# 牛奶水果银耳汤

## 材料

牛奶 300 毫升，银耳 100 克，猕猴桃 1 个，圣女果 5 个

## 做法

❶ 银耳用清水泡软，去蒂，切成细丁，加入牛奶中，以中小火边煮边搅拌，煮至熟软，熄火待凉装碗。

❷ 圣女果洗净，切成两半；猕猴桃削皮、切丁，与圣女果一起加入做法①的碗中即可。

## 养生功效

此汤一般人群皆可食用，尤其适合胃阴亏虚者、食欲不振者、少气懒言者、高血压患者、皮肤干燥暗黄者、咽干口燥者、前列腺炎患者食用。

银耳

猕猴桃

# 蜜制燕窝银耳汤

## 材料

银耳、燕窝各 15 克，红枣 5 颗，蜂蜜适量

## 做法

1. 银耳洗净，放入温水中泡发；燕窝去杂质，洗净；红枣洗净，去核。
2. 将银耳、燕窝、红枣放入锅中，加适量水，大火煮开后，转小火慢炖30分钟即可关火。
3. 待温度适宜后加入蜂蜜，拌匀即可。

## 养生功效

此汤适宜爱美女士、更年期女性、皮肤干燥粗糙者、便秘者、肛裂患者、慢性咽炎患者、口干口渴者、维生素缺乏者等食用。腹泻患者慎食。

# 木瓜猪蹄汤

## 材料

猪蹄 350 克，木瓜 1 个，通草 6 克，姜 10 克，盐 5 克

## 做法

1. 木瓜剖开去籽去皮，切小块；姜洗净切片备用；通草洗净备用。
2. 猪蹄处理干净砍小块，汆去血水。
3. 将猪蹄、木瓜、通草、姜片放入煲内，加水煲至熟烂，调入盐即可。

## 养生功效

此汤适宜产后妇女、乳汁不通者、青春期乳房发育不良者、皮肤粗糙暗黄者、气血亏虚者、便秘者等食用。肥胖患者、高脂血症患者、痰湿中阻者、感冒患者慎食。

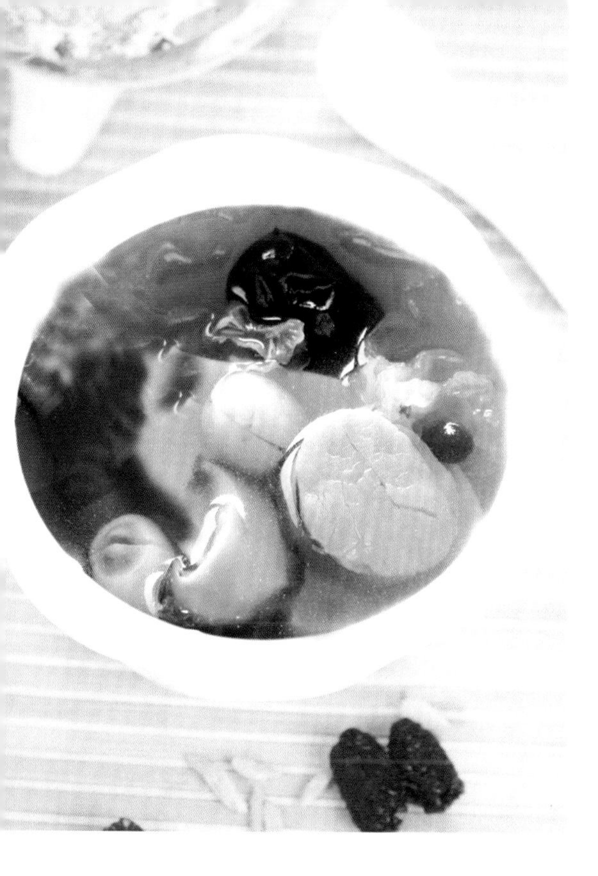

# 天冬银耳汤

## 材料

银耳 20 克，鲜天冬 25 克，莲子 15 克，红枣 2 颗，香菇 2 朵，盐适量

## 做法

❶ 将银耳洗净泡发，撕成小朵；莲子洗净去芯；红枣洗净去核；香菇洗净，切薄片；鲜天冬洗净，切厚片。

❷ 锅中倒入适量清水，放入除盐以外的材料，大火煮开，再转小火续煮30分钟，加盐调味即可。

## 养生功效

此汤适宜皮肤干燥粗糙者、糖尿病患者、心烦失眠者、口腔溃疡者、肺燥干咳者、津伤口渴者、内热消渴者、阴虚发热者、小儿夏热者、肠燥便秘者食用。

# 菊三七猪蹄汤

## 材料

菊三七 20 克，当归 10 克，红枣 5 颗，王不留行 8 克，猪蹄 250 克，盐适量

## 做法

❶ 将猪蹄洗净后斩块，在沸水中汆2分钟捞出，过冷水。

❷ 菊三七、当归、红枣、王不留行均洗净，备用。

❸ 将除盐以外的材料放入锅内，加水没过所有材料，大火煮沸后，转成小火煮3个小时，待猪蹄熟烂后加盐调味即可。

## 养生功效

此汤适宜产后缺乳、乳腺炎、乳腺增生、乳房肿痛及月经不调、痛经、跌打损伤者食用。

# 山药白术羊肚汤

## 材料

羊肚 250 克，红枣、枸杞子各 15 克，山药、白术各 10 克，盐适量

## 做法

❶ 羊肚洗净，切块，汆水；山药洗净，去皮，切块；白术洗净，切段；红枣、枸杞子均洗净，浸泡。

❷ 锅中加水烧沸，放入除盐以外的材料，加盖炖煮2个小时。

❸ 调入盐即可。

## 养生功效

此汤适宜气虚胎动不安者、内脏下垂者、产后或病后体虚者、营养不良者、小儿疳积患者、慢性腹泻者、贫血患者等食用。

# 麦芽山药牛肚汤

## 材料

牛肉 150 克，牛肚 100 克，干山药 30 克，炒麦芽 30 克，薄荷叶、盐各少许

## 做法

❶ 牛肉、牛肚分别洗净，切块；薄荷叶洗净；干山药、麦芽均洗净浮尘。

❷ 将牛肉放入沸水中汆烫，捞出后用凉水冲洗干净。

❸ 净锅上火倒入适量清水，放入牛肉、牛肚、干山药、炒麦芽大火煮开，转小火煲至牛肚、牛肉熟烂，加盐调味，放上薄荷叶即可。

## 养生功效

此汤适宜脾胃气虚者、小儿营养不良者、体质虚弱消瘦者、内脏下垂者、食积不化者、胃胀胃痛者、脾虚腹泻者等食用。

# 黄芪牛肉汤

## 材料

牛肉 400 克，黄芪、枸杞子各 10 克，葱段、香菜各 10 克，盐适量

## 做法

❶ 牛肉洗净切块，放入沸水锅中汆水；香菜择洗干净，切段；枸杞子、黄芪用温水洗净泡发。

❷ 净锅加入适量水，放入牛肉、黄芪、枸杞子煲至成熟，撒入葱段、香菜段、盐即可。

## 养生功效

此汤适宜产后或病后体虚者、脾胃气虚引起的神疲乏力者、面色无华者、食少便溏者、自汗及低血压者、气虚者、贫血者、营养不良者等食用。

---

# 乌梅当归鸡汤

## 材料

当归 15 克，鸡肉 300 克，乌梅 6 颗，党参、枸杞子各 10 克，盐 5 克

## 做法

❶ 鸡肉洗净，斩块，汆水；乌梅、当归、枸杞子、党参分别洗净。

❷ 锅中加适量清水，置于火上，大火煮开后，放入除盐以外的所有材料，转小火煮2个小时。

❸ 加盐调味即可。

## 养生功效

此汤适宜贫血者、干燥综合征患者、体质虚弱者、面色萎黄无华者、尿血者、便血者、胃酸分泌过少者等食用。消化性溃疡患者、胃酸分泌过多者、表邪未解者慎食。

# 薏苡仁猪蹄汤

## 材料

猪蹄 1 只，薏苡仁 50 克，米酒 10 毫升，香菜 10 克，红椒圈、盐各 3 克

## 做法

❶ 将猪蹄洗净、切块，汆水；薏苡仁淘洗净备用；香菜洗净，切段。

❷ 净锅上火，倒入适量清水，大火煮开，放入猪蹄、薏苡仁、米酒，转小火煲2个小时，再放入香菜、红椒圈，调入盐即可。

## 养生功效

此汤适宜产后乳汁不下者、产后气血亏虚者、脾胃虚弱者、营养不良者、青春期乳房发育不良者、皮肤粗糙暗沉、面生皱纹者等食用。

# 红豆牛奶汤

## 材料

红豆 15 克，红枣 15 克，低脂鲜奶 200 毫升，白糖 5 克

## 做法

❶ 红豆洗净，泡水8个小时；红枣洗净，切成薄片。

❷ 把红豆、红枣用中火煮30分钟，再用小火焖煮30分钟。

❸ 将红豆、红枣盛入碗中，加入白糖、低脂鲜奶，搅拌均匀即可。

## 养生功效

此汤适宜爱美女性、皮肤萎黄暗沉者、痤疮患者、胃阴亏虚者、营养不良性水肿患者、尿路感染患者等食用。尿多、遗尿者慎食。

# 红枣莲藕排骨汤

材料

莲藕 250 克，猪排骨 250 克，红枣、黑枣各 10 颗，盐 5 克

做法

❶ 猪排骨剁块，入沸水中汆烫。

❷ 莲藕削皮，清洗干净，切块；红枣、黑枣洗净。

❸ 将莲藕、猪排骨、红枣、黑枣放入锅内，加适量清水，大火煮沸后转小火炖煮约40分钟，加盐调味即可。

养生功效

此汤一般人群都可以食用，尤其适合胃阴亏虚者、食欲不振者、少气懒言者、高血压患者、皮肤干燥暗黄者、咽干口燥者、前列腺炎患者等食用。

莲藕

猪排骨

# 莲子百合瘦肉汤

## 材料

猪瘦肉 300 克，莲子、百合、干贝各少许，盐 5 克

## 做法

1. 猪瘦肉洗净，切块；莲子洗净，去芯；百合洗净；干贝洗净，切丁。
2. 猪瘦肉放入沸水中汆去血水。
3. 锅中加入适量清水烧沸，放入猪瘦肉、莲子、百合、干贝小火慢炖2个小时，加入盐调味即可。

## 养生功效

此汤适宜阴虚体质者、心悸失眠者、神经衰弱者、更年期女性、皮肤粗糙暗沉无华者、脾胃虚弱者、慢性萎缩性胃炎患者、营养不良患者等食用。

# 阿胶乌鸡汤

## 材料

阿胶 1 块，乌鸡半只，当归 20 克，醪糟适量，姜 8 克，甘草 3 克，盐适量

## 做法

1. 阿胶打碎；乌鸡洗净，剁块；当归、甘草分别洗净；姜洗净，切片。
2. 锅中加适量清水，放入乌鸡、姜片、当归、甘草，大火煮开，转小火炖2个小时，再放入醪糟、阿胶，续煮5分钟，加盐调味即可。

## 养生功效

此汤适宜爱美女性、体质瘦弱者、产后或病后贫血者、气血亏虚所见的面色萎黄或苍白者、神疲乏力者、头晕困倦者等食用。

# 月季玫瑰红糖汤

## 材料

月季花 6 克，玫瑰花 5 克，陈皮 3 克，红糖适量

## 做法

❶ 将月季花、玫瑰花、陈皮分别洗净后，放入锅中，加适量清水，大火煮开后转小火煮5分钟即可关火。

❷ 滤去药渣，留汁，再放入红糖搅拌均匀后，趁热服用。

## 养生功效

此汤适宜肝气郁结引起的胸胁苦满、胁肋疼痛、抑郁者，以及经前乳房胀痛者、月经量少者、乳腺增生患者、面色晦暗者、面生色斑者等食用。

# 玫瑰枸杞汤

## 材料

玫瑰花 15 克，醪糟适量，玫瑰露酒 50 毫升，枸杞子、杏脯、白糖、葡萄干各 10 克，醋少许，淀粉 20 克

## 做法

❶ 玫瑰花洗净，切丝；枸杞子、葡萄干、杏脯均洗净。

❷ 锅置火上加适量水烧开，放入玫瑰露酒、白糖、醋、醪糟、枸杞子、杏脯、葡萄干煮开。

❸ 用淀粉勾芡，撒上玫瑰花丝即成。

## 养生功效

此汤适宜爱美女士、面色暗黄或苍白者、面生色斑者、痛经者、月经不调者、经前乳房胀痛者、抑郁症患者、贫血者等食用。内火旺盛者慎食。

# 猪皮枸杞红枣汤

## 材料

猪皮 80 克，红枣 15 克，枸杞子、姜、高汤各适量，盐 1 克

## 做法

1. 将猪皮收拾干净，切块；姜洗净去皮切片；红枣、枸杞子分别用温水浸泡10分钟，洗净。
2. 猪皮入沸水汆透后捞出。
3. 砂锅内注入高汤，加入猪皮、枸杞子、红枣、姜片，小火煲2个小时，调入盐即可。

## 养生功效

此汤适宜爱美女性，以及皮肤粗糙者、面色暗黄者、产后或病后体虚者、乳汁不下者等食用。感冒患者，湿浊中阻、食积腹胀者慎食。

# 枸杞牛肉汤

## 材料

山药 300 克，牛肉 500 克，枸杞子 10 克，白芍 5 克，盐 5 克

## 做法

1. 牛肉汆水待凉后切成薄片；山药削皮，洗净切片；枸杞子、白芍洗净。
2. 将牛肉、山药、白芍放入炖锅中，以大火煮沸后转小火慢炖1个小时，加入枸杞子，续煮10分钟，加入盐调味即可。

## 养生功效

此汤适宜贫血者，肝肾亏虚所致的两目干涩者、视物昏花者、白内障患者等食用。

## 枸杞党参鱼头汤

### 材料

鱼头 200 克，山药片、党参各 20 克，红枣、枸杞子各 15 克，盐、胡椒粉、食用油各少许

### 做法

❶ 鱼头洗净，剁成两半，放入热油锅稍煎；山药片、党参、红枣均洗净；枸杞子泡发洗净。

❷ 汤锅加水，用大火烧沸，放入鱼头煲至汤汁呈乳白色。

❸ 再加入山药片、党参、红枣、枸杞子，用中火继续炖1个小时，加入盐、胡椒粉调味即可。

### 养生功效

此汤适宜老年人、神经衰弱患者、记忆力衰退者、脑力劳动者、体质虚弱者等食用。

## 木瓜红枣鸡爪汤

### 材料

鸡爪 300 克，木瓜 200 克，红枣 5 克，盐、醋各适量

### 做法

❶ 鸡爪洗净剁成块；木瓜去皮去籽，洗净切块；红枣洗净备用。

❷ 将鸡爪放入碗中，加入清水和醋浸泡约15分钟，捞出沥干。

❸ 将鸡爪、木瓜、红枣一同放入电饭煲中，加水调至煲汤档煮汤。

❹ 煮至自动跳档后开盖，加盐调味即可。

### 养生功效

此汤老少皆宜，尤其适合女性食用，也是病后调养的佳品。特别适宜慢性肝病、胃虚食少、心血管疾病、脾虚便溏、气血不足、营养不良、心慌失眠、贫血头晕等患者食用。

# 鸡血藤鸡肉汤

## 材料

鸡肉200克，鸡血藤、天麻各20克，姜片10克，盐5克

## 做法

1. 鸡肉洗净，切块、汆去血水；鸡血藤、天麻均洗净备用。
2. 将鸡肉、鸡血藤、姜片、天麻放入锅中，加适量清水大火煮开后转小火炖3个小时，加入盐调味即可。

## 养生功效

此汤适宜体虚贫血者、产后血虚血淤者、动脉硬化患者、冠心病患者、血虚头晕者、高血压患者、月经不调者、血虚闭经者等食用。孕妇、感冒未愈者慎食。

# 人参鸡汤

## 材料

土鸡250克，人参15克，黄芪8克，红枣8颗，姜片5克，盐4克

## 做法

1. 土鸡处理干净，斩块汆水；人参洗净切片；黄芪、红枣均洗净备用。
2. 汤锅置火上，放入适量清水，放入土鸡块、人参片、姜片、黄芪、红枣，大火煲沸后转小火煲至熟烂，加盐调味即可。

## 养生功效

此汤适宜大病后体虚欲脱、脾虚食少、肺虚喘咳、久病虚弱、贫血等患者食用。阴虚火旺者、内火旺盛者、伤风感冒者、高血压患者、高脂血症患者、儿童等慎食。

# 人参鹌鹑蛋汤

## 材料

鹌鹑蛋 10 个，人参、黄精各 10 克，陈皮 3 克，盐、白糖、香油、高汤各适量

## 做法

❶ 将人参加水煨软，收取滤液；将黄精洗净加水煎2遍，取其浓缩液与人参液调匀。

❷ 鹌鹑蛋煮熟去壳，一半用洗净的陈皮、盐腌制10分钟，一半用香油炸成金黄色。

❸ 把高汤、白糖与做法①的浓汁兑成汁，再将鹌鹑蛋和兑好的汁加适量的清水一起放入锅中炖煮15分钟即可。

## 养生功效

此汤适宜失眠多梦、腰膝酸软、倦怠乏力者食用。

# 天麻党参老龟汤

## 材料

老龟 1 只，党参 20 克，红枣、天麻各 15 克，猪排骨 100 克，盐 5 克

## 做法

❶ 老龟宰杀，洗净；猪排骨斩小段，洗净；红枣、党参、天麻均洗净备用。

❷ 将除盐以外的材料均装入煲内，加入适量清水，大火煮沸后转小火慢煲3个小时。

❸ 加入盐调味即可。

## 养生功效

此汤适宜体质虚弱者、头晕头痛者、阿尔茨海默病患者、阴虚潮热盗汗者、贫血者、心悸者、失眠者等食用。

# 椰盅女贞子乌鸡汤

## 材料

乌鸡 300 克，女贞子 15 克，椰子 1 个，熟板栗、山药各 100 克，枸杞子 10 克，盐适量

## 做法

❶ 乌鸡收拾干净，斩件汆水；熟板栗去壳；山药去皮，洗净切成块；枸杞子、女贞子洗净。

❷ 椰子倒出椰汁，留壳备用。

❸ 将除盐、椰壳、椰汁以外的材料放入锅中，加椰汁慢炖2个小时，调入盐，盛入椰盅即可。

## 养生功效

此汤适宜老年人、更年期妇女、肝肾不足者、腰膝酸软者、须发早白者、高脂血症患者、高血压患者等食用。

# 麦门冬黑枣乌鸡汤

## 材料

乌鸡 400 克，麦门冬、黑枣、枸杞子各 15 克，人参 8 克，盐适量

## 做法

❶ 乌鸡收拾干净，斩件汆水；人参、麦门冬洗净，润透切片；黑枣洗净，去核，浸泡；枸杞子洗净，浸泡。

❷ 锅中加适量清水，放入乌鸡、人参、麦门冬、黑枣、枸杞子。

❸ 大火烧沸后再转小火慢炖2个小时，调入盐即可。

## 养生功效

此汤适宜更年期女性（如阴虚盗汗、神疲乏力、性欲冷淡、烦躁易怒者）、产后或病后体虚者、卵巢早衰者、贫血者、血虚失眠者、头晕耳鸣者等食用。

# 冬瓜薏苡仁瘦肉汤

## 材料

猪瘦肉 300 克，冬瓜 200 克，薏苡仁 50 克，盐适量

## 做法

1. 猪瘦肉洗净切块；冬瓜洗净去皮、切块；薏苡仁泡发，洗净。
2. 猪瘦肉放入碗中，撒上盐拌匀腌制。
3. 炒锅倒水烧沸，放入冬瓜、猪瘦肉汆水后捞出沥干。
4. 将猪瘦肉、冬瓜、薏苡仁和适量清水倒入电饭煲中，用煲汤档煲至跳档后，加盐调味即可。

## 养生功效

此汤适宜小便不利、水肿、脾虚泄泻者食用。孕妇忌食。

# 双丝西红柿汤

## 材料

粉丝 400 克，西红柿 200 克，猪肉 300 克，盐、白糖各适量

## 做法

1. 猪肉、西红柿分别洗净切丝；粉丝用清水泡软后捞出沥干。
2. 将猪肉放入碗中，撒上适量的盐拌匀腌至入味。
3. 炒锅内倒水烧沸，放入西红柿焯水，捞出沥干。
4. 将猪肉、西红柿、粉丝一同放入电饭煲中，加适量清水，按下煲汤键，煲至跳档后加盐调味即可。

## 养生功效

此汤适宜食欲不振者、皮肤粗糙者、肠胃虚弱者以及动脉硬化患者等食用。

# 桂圆山楂汤

### 材料

桂圆肉 100 克，山楂 300 克，冰糖适量

### 做法

❶ 山楂洗净去蒂，切成薄片。
❷ 桂圆肉放入碗中，用温开水泡软，然后捞出沥干。
❸ 将山楂和桂圆肉一起放入电饭煲中，加入适量清水。
❹ 加入冰糖，用煲汤档煲至跳档即可。

### 养生功效

山楂含有的三萜类、生物类黄酮成分，有扩张血管、降低血压、降低胆固醇的作用，适宜高血压患者、高脂血症患者、冠心病患者食用。孕妇慎食。

# 红枣南瓜汤

### 材料

南瓜 300 克，红枣 50 克，冰糖 10 克

### 做法

❶ 南瓜洗净，去皮、去籽，切块；红枣洗净，去核。
❷ 将南瓜和红枣一起放入电饭煲中。
❸ 加适量清水，用煲汤档煲至自动跳档。
❹ 跳档后开盖，加入冰糖拌至溶化即可。

### 养生功效

此汤适宜高血压患者、哮喘患者、久咳者、水肿者、腹水者、小便不畅者、习惯性流产患者、烧伤烫伤者、支气管哮喘者及老年慢性支气管炎患者、痢疾患者等食用。

# 莲子红豆汤

材料

莲子 100 克，红豆 300 克，冰糖适量

做法

1. 将红豆洗净，用温水浸泡约30分钟，捞出沥干。
2. 莲子洗净，和红豆一起放入电饭煲中。
3. 加适量清水，用煲汤档煲至自动跳档。
4. 跳档后开盖，加入适量冰糖拌至溶化即可。

养生功效

此汤适宜心悸、失眠、体虚、遗精、白带过多、慢性腹痛等患者食用。

# 椰子肉银耳乳鸽汤

材料

乳鸽1只，银耳10克，椰子肉100克，红枣适量，枸杞子、盐各适量

做法

1. 乳鸽收拾干净；银耳泡发洗净；椰子肉、红枣、枸杞子均洗净，浸泡10分钟。
2. 乳鸽入沸水汆去血渍，捞起。
3. 将乳鸽、红枣、枸杞子放入炖盅，注水后以大火煲沸，放入椰子肉、银耳，转小火煲煮2个小时，加盐调味即可。

养生功效

此汤适宜肺虚咳嗽气喘者、痰中带血者、产后或病后体虚者、皮肤干燥暗黄者、高血压患者等食用。

# 党参鳝鱼汤

## 材料

鳝鱼 175 克，党参 3 克，食用油 20 毫升，盐 3 克，鸡精 2 克，葱段、姜末、红椒圈各 3 克，香油 4 毫升

## 做法

1. 将鳝鱼收拾干净切段；党参洗净备用。
2. 锅上火倒入水烧沸，放入鳝鱼段氽烫，去除血水，捞起冲净。
3. 净锅上火入油，将葱段、姜末、党参炒香，放入鳝鱼段煸炒，加水，调入盐、鸡精煲至熟，淋入香油、撒上红椒圈即可。

## 养生功效

此汤含有丰富的蛋白质、菊糖、生物碱、黏液质、维生素 A、维生素 E 及钙、磷、钾、钠、镁等多种营养素，有滋阴补血、强健筋骨的作用。适宜面色苍白、少气懒言的备孕妈妈食用。

---

# 阿胶枸杞甲鱼汤

## 材料

甲鱼 1 只，山药干 8 克，枸杞子 6 克，清鸡汤 700 毫升，阿胶 10 克，姜片 5 克，料酒 5 毫升，盐适量

## 做法

1. 甲鱼宰杀，洗净，切成中块；山药干、枸杞子用温水浸透，洗净。
2. 将甲鱼、清鸡汤、山药干、枸杞子、姜片、料酒一同置于炖盅内，盖上盅盖，隔水炖煮。
3. 待锅内水沸后用中火炖2个小时，放入阿胶后再用小火炖30分钟，调入盐即可。

## 养生功效

此汤有滋阴补血、益气补虚之功效。适宜心悸失眠者、月经不调者、高血压患者、冠心病患者等食用。

# 双仁菠菜猪肝汤

## 材料

猪肝 200 克，菠菜 150 克，酸枣仁、柏子仁各 10 克，盐 5 克

## 做法

1. 将酸枣仁、柏子仁洗净装在纱布袋内，扎紧口；猪肝洗净、切片；菠菜去根，择去老黄叶，洗净、切段。
2. 将纱布袋入锅，加水熬成药汁。
3. 猪肝入沸水汆烫后捞起，和菠菜一起加入药汁中，煮沸后加盐调味即可。

## 养生功效

此汤适宜更年期女性、失眠多梦者、心律失常者、虚热烦渴者、健忘者、神经官能综合征患者、贫血者、视力下降者等食用。凡有实邪郁火及患有滑泄者应慎服。

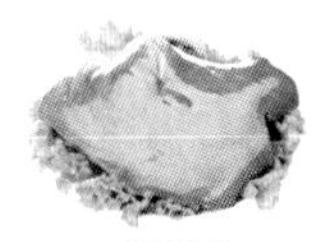

猪肝

菠菜

补虚敛汗

# 麦枣桂圆汤

### 材料

浮小麦 30 克，桂圆 20 克，红枣 8 颗，冰糖 10 克，甘草 5 克

### 做法

1. 浮小麦淘净泡发，沥干；红枣、甘草洗净；桂圆去壳、去核，取肉洗净。
2. 将浮小麦、桂圆肉、红枣、甘草一起放入锅中，加适量清水，大火煮沸后转小火煮约30分钟，加冰糖调味即可。

# 合欢佛手猪肝汤

### 材料

合欢皮 12 克，佛手片 10 克，鲜猪肝 150 克，姜 10 克，盐、蒜末、葱段各适量

### 做法

1. 将合欢皮、佛手片洗净置于砂锅中，加水煎煮，煮约20分钟；姜切丝。
2. 猪肝洗净切成片，加入姜丝、盐、蒜末等略腌片刻，放入做法①的药汁中一起煮熟即可食用。

解郁除烦

健胃消食

# 山楂麦芽猪腱汤

### 材料

猪腱肉300克，麦芽20克，山楂10克，盐2克，陈皮 3 克

### 做法

1. 山楂洗净，切开去核；麦芽、陈皮洗净；猪腱肉洗净，斩块。
2. 猪腱肉入沸水中汆烫，捞出沥水。
3. 瓦煲内注水用大火烧开，放入所有材料，转小火煲3个小时即可。

# 猪蹄牛膝汤

材料

猪蹄1只，牛膝15克，西红柿1个，姜片、盐各3克

做法

❶ 猪蹄剁块，汆水；西红柿洗净，在表皮轻划数刀，放入沸水烫至皮翻开，捞起去皮，切块；牛膝洗净。

❷ 将除盐以外的材料一起放入汤锅中，加入适量清水，大火煮开后转小火炖煮1个小时，加盐调味即可。

美肤通乳

益气补血

# 黄芪枸杞猪肝汤

材料

猪肝300克，黄芪10克，党参15克，枸杞子8克，盐适量

做法

❶ 猪肝洗净，切片；枸杞子、党参、黄芪洗净，放入锅中，加入适量清水以大火煮开，转小火熬成高汤。

❷ 放入枸杞子煮约3分钟，放入猪肝片，煮熟，加盐调味即成。

# 蜂蜜红枣芝麻汤

材料

红枣50克，白芝麻300克，蜂蜜10克，白糖适量

做法

❶ 红枣洗净，浸泡约15分钟，捞出沥干。

❷ 白芝麻洗净，和红枣一起放入电饭煲中，倒入适量清水。

❸ 加白糖，按下煲汤键，煲至自动跳档后盛出，稍凉后加蜂蜜调匀即可。

补血养颜

美体塑形

# 板栗桂圆猪蹄汤

### 材料

鲜板栗 200 克，桂圆肉 30 克，猪蹄 2 只，核桃仁 10 克，盐 4 克

### 做法

1. 鲜板栗煮5分钟，剥膜，洗净沥干；桂圆肉、核桃仁洗净；猪蹄斩块，汆烫。
2. 将板栗、猪蹄、核桃仁放入炖锅中，加水淹过材料，以大火煮开，再改用小火炖2个小时，桂圆肉剥散，放入锅中续炖5分钟，加盐调味即可。

# 山楂山药鲫鱼汤

### 材料

鲫鱼1条，山楂10克，山药50克，姜片10克，葱、盐、食用油各适量

### 做法

1. 将鲫鱼收拾干净切块；山楂、山药均洗净；葱洗净，切段。
2. 用姜片爆锅，放入鱼块稍煎。
3. 将鲫鱼、山楂、山药、葱段放入锅内，加适量清水，大火煮沸，转小火煮1个小时，加盐调味即可。

消脂降糖

养心安神

# 灵芝茯苓乌龟汤

### 材料

乌龟1只，灵芝6克，茯苓 25 克，山药 8 克，姜 10 克，盐适量

### 做法

1. 乌龟置冷水锅内，小火加热至沸，将乌龟破开，去头和内脏，斩大件。
2. 灵芝切块，同茯苓、山药、姜均洗净。
3. 将除盐以外的材料和适量清水放入瓦煲内，大火烧开，转小火煲2个小时，调入盐即可。

# 灵芝核桃乳鸽汤

### 材料

乳鸽1只，党参、核桃仁各20克，灵芝10克，蜜枣5颗，盐适量

### 做法

1. 将核桃仁、党参、灵芝、蜜枣分别用清水洗净。
2. 将乳鸽去内脏，洗净斩件，汆去血水。
3. 锅中入适量清水大火烧开，放入所有材料，改用小火煲3个小时即可。

益智补脑

# 当归乳鸽汤

益气活血

### 材料

当归10克，山楂、白鲜皮、白蒺藜各8克，乳鸽1只，盐适量

### 做法

1. 乳鸽处理干净，斩成小块。
2. 将当归、白鲜皮、白蒺藜、山楂洗净，放入锅中加适量水，大火煮开后转小火，煮至汁浓。
3. 将乳鸽、山楂放入药汁内，以中火炖煮1个小时，加盐调味即可。

# 银耳山药莲子鸡汤

### 材料

鸡肉400克，银耳20克，山药20克，莲子20克，枸杞子10克，盐适量

### 做法

1. 鸡肉切块，汆水；银耳泡发洗净，撕朵；山药洗净，切片；莲子洗净，去芯；枸杞子洗净。
2. 炖锅中放入鸡肉、银耳、山药、莲子、枸杞子和适量清水煮沸转小火，炖至莲子变软，加入盐调味即可。

滋阴养颜

活血暖宫

# 当归姜羊肉汤

材料

羊肉 300 克，当归、姜各 10 克，枸杞子、红枣各 20 克，盐 5 克

做法

1. 羊肉洗净切件，入沸水中汆烫；当归洗净，切块；姜洗净，切片；红枣、枸杞子洗净，浸泡。
2. 将除盐以外的所有材料放入锅中，加适量清水小火炖2个小时。
3. 调入盐，稍炖后出锅即可。

# 百合猪蹄汤

材料

百合 30 克，猪蹄 1 只，葱花、姜片、料酒、盐各适量

做法

1. 猪蹄收拾干净，斩件；百合洗净。
2. 猪蹄块入沸水中汆去血水。
3. 将猪蹄、百合放入锅中，加适量清水以大火煮1个小时后，加入葱花、姜片、盐、料酒略煮即可。

养颜美容

养心补血

# 百合乌鸡汤

材料

乌鸡 1 只，鲜百合 30 克，姜 4 克，盐 5 克

做法

1. 乌鸡洗净斩件；百合洗净；姜洗净切片。
2. 乌鸡入沸水锅汆水后捞出。
3. 锅置火上加入适量清水，放入乌鸡、百合、姜片炖煮2个小时，加入盐即可。

# 红枣白萝卜猪蹄汤

补血通乳

材料

猪蹄、白萝卜各300克，红枣20克，姜片10克，盐适量

做法

❶ 猪蹄洗净，斩件；白萝卜洗净，切成块；红枣洗净，泡发。

❷ 将猪蹄放入沸水中汆去血水，捞出洗净。

❸ 将猪蹄、姜片、红枣放入炖盅，注入适量清水，用大火烧开，放入白萝卜，改用小火煲2个小时，加盐调味即可。

# 扁豆莲子鸡汤

益智健脑

材料

鸡腿块300克，扁豆100克，莲子40克，核桃仁20克，山楂8克，盐、料酒各适量

做法

❶ 将莲子、核桃仁、山楂洗净，与洗净的鸡腿块一起放入锅中，加适量清水，以大火煮沸，转小火续煮45分钟。

❷ 扁豆洗净沥干，放入做法①的锅中续煮15分钟至扁豆熟软。

❸ 加盐、料酒调味即可。

# 粉葛红枣猪骨汤

强壮骨骼

材料

猪骨200克，粉葛100克，红枣5颗，盐3克，白芷、姜片各5克

做法

❶ 粉葛洗净，切成块；白芷、红枣洗净；猪骨洗净斩块，入沸水中汆去血水，备用。

❷ 将粉葛、红枣、猪骨、白芷、姜片放入盛有水的炖盅内，大火烧沸后改小火炖煮3个小时，加盐调味即可。

强筋壮骨

# 桂圆黄鳝汤

材料

黄鳝 250 克，蒜瓣 10 克，桂圆肉、枸杞子、盐、食用油各适量

做法

1. 黄鳝洗净取肉，切块，放入碗中，撒上盐拌匀腌至入味；桂圆肉、枸杞子洗净。
2. 炒锅倒入油烧热，放入蒜瓣、黄鳝肉，炸至呈黄色后捞出沥油。
3. 将黄鳝肉、蒜瓣、桂圆肉、盐、枸杞子、清水倒入电饭煲中，调煲汤档煲至汤成。

# 猕猴桃木瓜汤

材料

木瓜 300 克，猕猴桃 100 克，冰糖 10 克

做法

1. 木瓜洗净，去皮去籽，切成小块。
2. 猕猴桃洗净去皮，切片，与木瓜一起放入电饭煲中。
3. 加适量清水，用煲汤档煲至自动跳档。
4. 倒入冰糖，至溶化即可。

提高免疫力

益气养颜

# 人参猪蹄汤

材料

猪蹄 300 克，人参 9 克，枸杞子 10 克，红枣 5 颗，木瓜块 50 克，薏苡仁 20 克，盐适量

做法

1. 猪蹄剁成块，洗净，汆水；人参、枸杞子、红枣、薏苡仁均洗净。
2. 锅中加入水煮沸后放入猪蹄、人参、红枣、薏苡仁、木瓜转小火煲2个小时，再放入枸杞子，调入盐，煲至猪蹄熟烂即可。

# 杏仁核桃牛奶汤

材料

杏仁 9 克，核桃仁 20 克，牛奶 200 毫升，蜂蜜适量

做法

❶ 将杏仁、核桃仁放入清水中洗净，与牛奶一起放入炖锅中。

❷ 加适量清水后将炖锅置于大火上烧沸，再用小火煎煮20分钟即可关火。

❸ 稍凉后放入蜂蜜搅拌均匀即可。

益智健脑

活血止痛

# 鸡血藤香菇鸡汤

材料

鸡血藤 30 克，威灵仙、干香菇各 20 克，鸡腿 1 只，盐少许

做法

❶ 将鸡血藤、威灵仙均洗净；干香菇泡发；鸡腿洗净剁块。

❷ 先将鸡血藤、威灵仙放入锅中，加适量清水，大火煮15分钟，捞去药渣留汁，再放入鸡腿、香菇，转中火炖煮30分钟，加盐调味即可。

# 银耳红枣汤

材料

银耳、红枣各 50 克，冰糖 10 克

做法

❶ 银耳用清水泡发，洗净之后沥干水，撕成小块。

❷ 将红枣洗净去核，切块，和银耳一起放入电饭煲中。

❸ 加适量清水，用煲汤档煲至跳档。

❹ 加入冰糖拌至溶化即可。

滋阴润燥

益气补血

# 枸杞红枣排骨汤

### 材料

猪排骨 300 克，盐 3 克，枸杞子、红枣、黄芪、党参各适量

### 做法

1. 猪排骨洗净剁块，放入碗中，撒上盐腌至入味；枸杞子、红枣、黄芪、党参放入碗中，加水浸泡约10分钟后捞出沥干水分。
2. 将除盐以外的所有材料放入电饭煲中，加适量清水，调至煲汤档煲至自动跳档，加盐调味即可。

# 甘蔗排骨汤

### 材料

猪排骨 400 克，甘蔗 100 克，马蹄 80 克，红枣 10 克，盐适量

### 做法

1. 将猪排骨洗净剁块，放入碗中，撒上盐拌匀腌至入味；马蹄去皮洗净；红枣洗净。
2. 甘蔗洗净去皮，切成长块。
3. 将除盐以外的材料放入电饭煲中，加适量清水，用煲汤档煲好后，加盐调味即可。

清热生津

益肾壮阳

# 肉桂羊肉汤

### 材料

羊肉 400 克，肉桂、姜各 3 克，盐、胡椒粉、食用油各适量

### 做法

1. 肉桂洗净，姜洗净切片，放入炒锅，炒香；羊肉洗净切片；另起炒锅倒水煮沸，将羊肉放入锅中汆水后捞出沥干水分。
2. 羊肉、肉桂、姜片一起放入电饭煲中，加适量清水，用煲汤档煲好，加盐和胡椒粉调味即可。

# 茶油莲子鸡汤

养肝明目

材料

鸡肉500克，莲子、枸杞子、红枣、盐、茶油各适量

做法

❶ 将莲子、红枣浸泡后洗净；莲子去芯；鸡肉洗净，切成块，放入碗中撒上盐，腌至入味。

❷ 将鸡肉、莲子、枸杞子、红枣和茶油倒入电饭煲中，加适量清水，用煲汤档煲至跳档，加盐调味即可。

# 无花果土鸡汤

润肠通便

材料

土鸡肉400克，枸杞子2克，无花果、红枣各5克，盐适量

做法

❶ 土鸡肉洗净剁成块，放入碗中，往鸡肉上撒适量盐，抹匀腌制约15分钟。

❷ 枸杞子、红枣、无花果浸泡后洗净沥干。

❸ 鸡肉、枸杞子、无花果、红枣加适量清水放入电饭煲中，用煲汤档煲至跳档，加盐调味即可。

# 糯米红枣汤

温补脾胃

材料

莲子100克，糯米200克，红枣50克，冰糖适量

做法

❶ 糯米洗净，用清水浸泡大约30分钟，捞出沥干。

❷ 红枣洗净，去核切块；莲子洗净、去芯。

❸ 将莲子、糯米、红枣一起放入电饭煲中，加适量清水，倒入冰糖，用煲汤档煲至自动跳档即可。

## 苹果草鱼汤

### 材料

草鱼 300 克，苹果 200 克，桂圆肉 50 克，食用油 30 毫升，盐、鸡精、葱末、姜丝各 3 克，高汤、红椒片、薄荷叶各适量

### 做法

1. 将草鱼收拾干净切块；苹果清洗干净，去皮、去核，切块；薄荷叶、桂圆肉洗净。
2. 净锅上火入油，将葱末、姜丝爆香，放入草鱼微煎，倒入高汤，调入盐、鸡精，再放入苹果、桂圆肉、红椒片煲至熟，撒上薄荷叶即可。

### 养生功效

苹果具有助消化、开胃、补中益气等功效。桂圆肉有补心脾、益气血的功效。草鱼有补脾益气、利水消肿的功效，三者合煲成汤适宜备孕者食用。

## 山药鳝鱼汤

### 材料

鳝鱼 2 条，山药 25 克，枸杞子 5 克，盐 4 克，葱末、姜片各 2 克

### 做法

1. 将鳝鱼收拾干净切段，汆烫；山药去皮清洗干净，切片；枸杞子清洗干净备用。
2. 净锅上火，加入适量清水，调入盐、葱末、姜片，放入鳝鱼、山药、枸杞子煲至熟即可。

### 养生功效

鳝鱼的营养价值很高，含有维生素 $B_1$ 和维生素 $B_2$、烟酸及人体所需的多种氨基酸等，可以预防因消化不良引起的腹泻，还可以保护心血管。同时，鳝鱼还具有补血益气、宣痹通络的保健功效，且山药是滋肾补虚的佳品。此汤适宜备孕者食用。

# 黄瓜章鱼煲

## 材料

章鱼 250 克，黄瓜 200 克，高汤适量，枸杞子少许，盐 3 克

## 做法

1. 将章鱼收拾干净切块；枸杞子洗净；黄瓜清洗干净切块备用。
2. 净锅上火倒入高汤，烧沸后调入盐。
3. 放入黄瓜煮5分钟，再放入准备好的章鱼煲至熟透，放入枸杞子即可。

## 养生功效

章鱼含有丰富的蛋白质、矿物质等营养元素，还富含抗疲劳、抗衰老的重要保健因子——天然牛磺酸。备孕者食用此汤，可以补血益气、增强免疫力。另外，此汤还适合气血虚弱、头晕体倦、产后乳汁不足者食用。

# 绿豆芽韭菜汤

## 材料

绿豆芽 100 克，韭菜 30 克，盐 3 克，食用油、枸杞子各适量

## 做法

1. 绿豆芽洗净；韭菜择洗干净，切段备用。
2. 锅置火上倒入食用油，放入绿豆芽、韭菜煸炒，倒入适量清水，调入盐煮至熟，撒入枸杞子即可。

## 养生功效

绿豆芽可以有效预防坏血病，清除血管壁上的胆固醇和堆积的脂肪，防止心血管病变。绿豆芽所含的大量膳食纤维，可以预防便秘和消化道病症等。韭菜也含有较多的膳食纤维，能促进胃肠蠕动，可有效预防习惯性便秘和肠道疾病。将绿豆芽搭配韭菜，最适宜孕妈妈食用，可防治便秘。

# 丝瓜鸡肉汤

## 材料

鸡胸肉 200 克，丝瓜 175 克，红椒块、清汤各适量，盐 2 克

## 做法

❶ 鸡胸肉洗净切片；丝瓜洗净，切片备用。

❷ 汤锅上火倒入清汤，放入鸡胸肉、丝瓜，调入盐煮至熟，撒入红椒块即可。

## 养生功效

丝瓜含有构成人体骨骼的钙、维持身体功能的磷，对于调节人体的钙磷比例有很好的帮助，同时，丝瓜还有抗病毒、抗过敏的特殊作用。鸡胸肉中蛋白质含量较高，且易被人体吸收，有增强体力的作用。两者搭配煲汤适宜儿童、老年人食用。

# 香菇冬笋公鸡汤

## 材料

小公鸡 250 克，鲜香菇 100 克，冬笋 65 克，上海青 8 棵，盐少许，鸡精 5 克，香油 2 毫升，葱末、姜末、枸杞子各 3 克，食用油适量

## 做法

❶ 小公鸡处理干净，剁块汆烫；香菇去蒂洗净，切成片；冬笋洗净切成片；枸杞子洗净；上海青洗净备用。

❷ 炒锅上火倒入油，将葱、姜爆香，倒入适量清水，放入鸡肉、香菇、冬笋、上海青、枸杞子煲熟，调入盐、鸡精烧沸，淋入香油即可。

## 养生功效

此汤可滋补养身、清热化痰、利水消肿、润肠通便。香菇是一种高蛋白、低脂肪的健康食品，适宜儿童、青少年、孕妈妈和老年人食用。

# 白菜黑枣牛百叶汤

## 材料

牛百叶 500 克，猪瘦肉 150 克，白菜 500 克，黑枣、盐、鸡精各适量

## 做法

1. 将白菜洗净，梗、叶切分开；猪瘦肉洗净、切片，加盐稍腌。
2. 牛百叶洗净，切梳形条状，放入沸水中浸2~3分钟，沥干水。
3. 把白菜梗、黑枣放入清水锅内，大火煮沸后，改小火煲1个小时；放入白菜叶，再煲20分钟；放入猪瘦肉及牛百叶煮熟，加盐、鸡精调味即可。

## 养生功效

此汤可健脾益气、益胃生津。适宜体质虚弱、气虚、胃火旺盛的男性食用。

# 姜杞鸽子汤

## 材料

乳鸽 1 只，枸杞子 20 克，姜 50 克，盐、青菜丝各少许

## 做法

1. 乳鸽处理干净，斩块汆烫；姜清洗干净，切片；枸杞子泡开备用。
2. 炒锅上火倒入水，放入乳鸽、姜片、枸杞子、青菜丝，调入盐以小火煲至熟即可。

## 养生功效

鸽肉含蛋白质丰富，且脂肪含量低，此外其所含的维生素 A、维生素 $B_1$、维生素 $B_2$、维生素 E 及铁等微量元素也很丰富，与姜煲成汤，最适宜男性食用。

# 归参母鸡汤

## 材料

当归15克，党参20克，母鸡1只，葱段、姜片、料酒、盐各适量

## 做法

1. 将母鸡宰杀后，去毛，去内脏，洗净；当归、党参洗净备用。
2. 将剁好的鸡块放入沸水中汆去血沫。
3. 把砂锅放在大火上加适量清水烧沸，转用小火炖至鸡肉烂熟，加入葱段、姜片、料酒、盐调味即成。

## 养生功效

当归补血活血、调经止痛，为补血调经第一药；党参益气补虚；母鸡大补元气。三者搭配炖成汤食用，适宜由气血虚弱引起的痛经患者食用。

# 枸杞桂圆银耳汤

## 材料

枸杞子 50 克，银耳 50 克，桂圆肉 10 克，姜片 10 克，盐 3 克，食用油适量

## 做法

1. 桂圆肉、枸杞子洗净。
2. 银耳洗净泡发，煮5分钟，捞起沥干水分。
3. 锅入油爆香姜，放入银耳略炒后盛起。另加适量清水煲沸，放入枸杞子、桂圆肉、银耳、姜片再煮沸，小火煲1个小时，加盐调味即成。

## 养生功效

枸杞子滋阴补肾；银耳滋阴养巢；桂圆肉补血养心。三者搭配煲汤，适宜女性食用。

# 虫草杏仁鹌鹑汤

### 材料

冬虫夏草 6 克，杏仁 15 克，鹌鹑 1 只，蜜枣、盐各适量

### 做法

1. 冬虫夏草洗净，用清水浸泡；杏仁温水浸泡10分钟，洗净。
2. 鹌鹑去内脏，洗净，汆水，斩件；蜜枣洗净备用。
3. 将除盐外的材料放入炖盅内，注入沸水，加盖，隔水炖4个小时，加盐调味即可。

### 养生功效

冬虫夏草有补肺平喘、止血化痰的功效；杏仁可止咳化痰；鹌鹑益气补虚。三者搭配炖汤食用，适宜肺虚、久咳虚喘、胎动不安者食用。

# 西葫芦螺肉汤

### 材料

螺肉 200 克，西葫芦 250 克，香附 10 克，枸杞子、丹参、高汤、盐各适量

### 做法

1. 将螺肉用盐反复搓洗干净；西葫芦洗净切方块；香附、丹参洗净，去渣取药汁备用；枸杞子洗净。
2. 净锅上火倒入高汤，放入西葫芦、螺肉，大火煮沸，转小火煲至熟，倒入做法①的药汁，煮沸后调入盐，撒上枸杞子即可。

### 养生功效

田螺肉具有利尿消肿的功效；西葫芦可清热利水；丹参可活血化淤；香附理气活血、化淤止痛。以上四者搭配煲汤，适宜血淤型产后小便不通者食用。

滋补虚损

# 莲子桂圆汤

材料

去芯莲子、百合各 100 克，桂圆肉 50 克，蜂蜜适量

做法

❶ 去芯莲子洗净，用清水浸泡约15分钟后捞出沥干。

❷ 百合、桂圆肉洗净，和莲子一起放入电饭煲中，倒入适量清水，按下煲汤键，煲至跳档，开盖晾凉，加入蜂蜜，调匀即可。

# 银耳枸杞雪梨汤

材料

银耳、百合各 40 克，雪梨 300 克，枸杞子、冰糖各 10 克

做法

❶ 雪梨洗净，去皮去核，切成小块。

❷ 银耳洗净，泡发后撕成小块；枸杞子洗净；百合洗净。

❸ 将银耳、百合、雪梨、枸杞子一起放入电饭煲中，加适量清水。

❹ 倒入冰糖，用煲汤档煲至自动跳档即可。

滋阴养颜

通乳美体

# 木瓜橄榄汤

材料

木瓜 300 克，青橄榄 50 克，猕猴桃 100 克，白糖 10 克

做法

❶ 木瓜洗净，去皮去瓤，切成小块；猕猴桃洗净，去皮切片；青橄榄洗净，用清水浸泡约10分钟。

❷ 将木瓜、青橄榄、猕猴桃一起放入电饭煲中，加适量清水，倒入白糖，用煲汤档煲至跳档即可。